"十三五"职业教育部委级规划教材

服装产品设计

杨珊　编著

中国纺织出版社有限公司

内 容 提 要

本书是一本专门介绍服装设计师岗位专业知识技能以及相关操作流程的指导性书籍。主要内容包括服装产品设计基础、服装产品设计风格与产品策划方案制订、各类型服装产品设计、服装产品设计案例分析等。

本书可作为应用型高等本科院校、职业院校、专科院校等相关纺织服装设计类专业教材和参考书籍，亦可供中等职业学校、服装设计爱好者和专业人员参考使用。

图书在版编目（CIP）数据

服装产品设计 / 杨珊编著. —— 北京：中国纺织出版社有限公司，2020.12（2024.8重印）

"十三五"职业教育部委级规划教材

ISBN 978-7-5180-8050-2

Ⅰ．①服… Ⅱ．①杨… Ⅲ．①服装设计 – 职业教育 – 教材 Ⅳ．① TS941.2

中国版本图书馆 CIP 数据核字（2020）第 205356 号

责任编辑：郭 沫 责任校对：寇晨晨 责任印制：王艳丽

中国纺织出版社有限公司出版发行

地址：北京市朝阳区百子湾东里A407号楼 邮政编码：100124

销售电话：010—67004422 传真：010—87155801

http://www.c-textilep.com

中国纺织出版社天猫旗舰店

官方微博 http://weibo.com/2119887771

北京通天印刷有限责任公司印刷 各地新华书店经销

2020年12月第1版 2024年8月第3次印刷

开本：787×1092 1/16 印张：11.5

字数：180千字 定价：59.80元

凡购本书，如有缺页、倒页、脱页，由本社图书营销中心调换

前言

    服装产品设计是高等职业学校服装与服饰设计专业学生必修的一门专业方向课程,也是培养学生职业能力与岗位实践操作能力的一体化综合性课程。本课程通过工作室具体项目实际操作的学习，使学生能根据设计项目的要求，遵循实用、美观和时尚的原则设计出符合市场需求的产品。主要教学内容包括：纺织服装行业概述和企业认知、服装产品设计基础、服装产品设计风格与产品策划方案制订、各类型服装产品设计、服装产品设计案例分析等。在完成各设计项目的过程中，使学生了解设计师岗位应具备的基本技能和知识点，了解不同品牌服装的风格定位、市场需求、产品开发实际操作方法和原理，掌握不同风格产品设计的设计方法和设计师岗位工作流程，提高学生市场的对接能力和把控时尚的能力，培养学生的团结协作、自我学习、自我展示和信息处理的能力。

    本教材的设计思路是打破以知识传授为主要特征的传统学科型教材编写模式，以工学结合、任务驱动、项目导向来指导教材设计和内容组织，用企业真实设计师岗位实践过程及需要掌握的实践操作能力为主线进行编写。在教材内容设计上以服装企业产品设计过程中需要掌握的知识和技能为主要内容，融合大量编写者多年的一线产品设计开发的从业经验和真实品牌产品设计素材，旨在增强学生对企业设计师岗位专业技能的培养，使学生无缝对接设计师助理及设计师岗位。

    本教材编写历时一年有余，倾注了编者大量的心血和激情，也是编者对设计师岗位从业二十余年经验的浓缩和提炼，力求做到系统、实用和新颖。在本书编写过程中，得到了中山职业技术学院和相关合作企业的大力支持，在此深表感谢！由于时间仓促，水平有限，本书难免有疏漏之处，恳请各位专家、读者批评指正。

杨　珊

2020年6月

目录

第一章　纺织服装行业概述和企业认知 ···001

第一节　纺织服装行业概述 ···001

第二节　服装企业认知 ···002

一、服装企业基本部门设置 ···002

二、服装企业基本运作流程分析 ···002

三、设计师岗位职责 ···004

第二章　服装产品设计基础 ···007

第一节　了解服装廓型 ···007

一、廓型 ···007

二、尺寸 ···008

第二节　认识服装材料 ···012

一、常用服装面料 ···012

二、服装面料分类 ···016

三、纤维鉴别 ···019

四、织物的物理指标 ···020

五、织物印染加工的种类 ···020

六、面料后整工艺 ···023

第三节　认识服装制作工艺 ···024

第四节　印花、绣花工艺 ···029

一、服装印花工艺介绍 ···029

二、服装绣花工艺介绍 ···039

第五节　服装产品配色方法 ···046

一、服装基本配色方法 ···046

二、产品配色的要点 ···049

三、了解潘通色卡 ···054

第六节　服装样板制作单的编写 ···055

一、款号的编写 ……………………………………055

二、款式板型、尺寸、面辅料说明 …………………058

三、正、背面款式图 …………………………………058

四、工艺制作说明标注 ………………………………059

五、印花工艺及花位说明 ……………………………059

六、辅料制作说明 ……………………………………060

七、款式配色和图案配色 ……………………………060

八、修改调整及构图 …………………………………060

第三章　服装产品设计风格与产品策划方案制订 ……………063

第一节　设计部门基本工作流程 ……………………063

一、产品市场信息采集 ………………………………063

二、制订产品开发方案 ………………………………064

三、产品的设计开发阶段 ……………………………071

四、产品打样阶段 ……………………………………074

五、生产准备 …………………………………………075

六、产品形象包装 ……………………………………075

第二节　服装产品市场调研 …………………………077

一、市场调研内容 ……………………………………077

二、市场调研的基本要求 ……………………………077

三、市场调研的重要性 ………………………………078

四、市场调研的方式 …………………………………079

五、市场调研的流程 …………………………………079

第三节　服装产品市场定位 …………………………080

一、产品风格定位 ……………………………………080

二、产品价格定位 ……………………………………080

三、目标消费群分析 …………………………………083

四、产品销售定位 ……………………………………085

第四节　服装产品风格类型 …………………………086

第四章　各类型服装产品设计 ···095

　第一节　童装产品设计 ···095

　　一、童装的概念 ···095

　　二、童装的分类 ···095

　　三、童装的设计方法 ···096

　　四、童装产品的设计流程 ···110

　　五、童装品牌案例分析 ···110

　第二节　休闲装产品设计 ···112

　　一、休闲服装的风格类别 ···113

　　二、休闲服装的设计内容 ···115

　　三、休闲服装的设计要点 ···117

　　四、休闲品牌案例分析 ···120

　第三节　时装产品设计 ···123

　　一、时装的风格类型 ···123

　　二、时装设计常用方法 ···126

　　三、时装产品设计要点 ···131

　　四、时装品牌案例分析 ···132

　第四节　运动装产品设计 ···134

　　一、运动装的风格类型与特点 ···134

　　二、运动装的设计方法 ···139

　第五节　职业装产品设计 ···142

　　一、职业装的类型 ···142

　　二、职业装的特点 ···142

　　三、职业装的设计方法 ···143

第五章　服装产品设计案例分析 ···149

　第一节　童装品牌产品设计案例分析 ···149

　　一、设计品牌：猫和老鼠童装 ···149

　　二、设计品牌：洁帛童装 ···153

　第二节　休闲装品牌产品设计案例分析 ···153

　　一、设计品牌：MX ··153

二、设计品牌：鸿兴服饰 ·· 157

三、设计品牌：MLT ··· 160

第三节　时装品牌产品设计案例分析 ······················· 162

一、设计品牌：虹古服饰 ·· 162

二、设计品牌：慕蓿服饰 ·· 164

第四节　户外运动品牌产品设计案例分析 ·················· 166

第五节　运动品牌产品设计案例分析 ······················· 170

第六节　职业装设计运用案例分析 ··························· 172

一、设计内容：奥昆集团工作服 ······························ 172

二、设计内容：东风标致汽车4S店员工工作服 ··········· 174

参考文献 ·· 176

第一章　纺织服装行业概述和企业认知

学习目标

　　通过对纺织服装行业的基本情况、岗位设置和岗位职责等的学习，使学生了解纺织服装行业的现状、发展趋势和企业运作流程，激发学生对本课程的学习兴趣，为后阶段学习奠定良好的基础。

第一节　纺织服装行业概述

　　近年来，我国的纺织服装行业有着较大发展，也较大程度地推动了国民经济的发展，中国巨大的市场内需已经成为国内服装行业平稳增长的主要动力来源。随着人们生活水平不断提高，服装消费观念日渐成熟，对产品质量、特性、品牌文化内涵的认识在不断提高，特别是居民在消费时更加注重舒适化、品牌化和时尚化。服装消费逐渐趋向中高档化发展，有利于服装行业产业转型升级，增强服装企业的品牌竞争力。

　　目前，中国服装业有三大特征，即规模大、水平偏低、结构不均衡。其中，水平偏低是指技术水平偏低，这也是我国服装业大多替其他国家品牌加工高档名牌产品、自己的产品难以成名的原因；结构不均衡则因为国内服装行业以生存型企业为主，缺乏自主创新及应用开发类型企业，在研发设计、技术创新等方面急需革新和提升。近年来，我国服装企业的品牌意识不断加强，在政府大力扶持指导、服装职业教育不断完善创新以及服装企业的持续投入，孕育出大批以内销自主设计研发的原创品牌，如江南布衣、太平鸟、例外、李宁等一大批优秀自主民族品牌，新生代的小众个性品牌更是层出不穷。但我国服装行业目前只有中国驰名商标，还缺乏真正意义上的国际服装品牌。其原因是在附加值高的研发、设计、现代化管理等方面与国际先进水平还存在较大差距，主要是通过低成本优势在与国际品牌进行竞争。

　　作为劳动力密集型产业，我国劳动力价格优势正逐步减弱。劳动力在纺织服装产业的成本构成中占有很大比重，多年来我国就是依靠低廉的劳动力成本、以低价格策略赢得世界市场的。但随着劳动力市场的规范和用人成本的上升，一些新兴发展中国家正在以更低廉的劳动力成本优势，挤占我国纺织服装的海外市场，不少跨国公司也考虑将他们的工厂从中国迁到劳动力价格更低的国家，如越南、柬埔寨等。

　　我国的服装企业结构链大多停留在传统设计管理的模式。设计周期长，成本高，造成新产品创新能力弱，新品开发周期长，进而造成库存积压，影响资金周转。服装的新产品周期（设计、成衣到进入销售）工业发达国家平均2周，美国最快4天，而我国平均是10周时间，差距非常明显。如何优化企业管理，提高企业利润，加快产品更新换代周期，提升产业生产、管理、运营水平信息化，是纺织服装企业急需重视和解决的关键。

我国拥有巨大的市场份额和成熟的技术配套，未来全球的服装业的发展重心仍将在我国。互联网带来新一轮的变革，它使社会发生了天翻地覆的变化，也改变了人们原有的、单一的消费模式。互联网与智能化技术将在制造、营销、零售等多个方面对服装行业产生深刻影响。融合了大数据、互联网远程监控、互联网即时数据技术的智能制造技术，将帮助服装企业用更少的人员和成本制造出更高质量的服装。在完善产业链、整合供应链、提升价值链等方面创新发展方式，推动产业不断升级，寻求专业化、差异化、精益化和国际化的发展道路，是机遇、也是挑战，更是中国纺织服装行业未来发展的必由之路。

第二节　服装企业认知

一、服装企业基本部门设置

服装企业基本部门设置架构与设计部门内部组织架构如图1-1、图1-2所示。

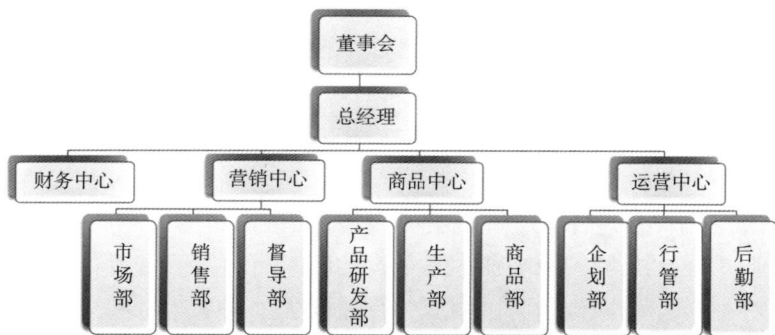

图1-1　服装企业基本部门设置架构

二、服装企业基本运作流程分析

（一）产品市场定位

服装进入市场前需对品牌形象、产品类型、价格区域、产品风格、针对的消费人群、销售区域、经营模式、市场前景、运用策略等进行综合考量，产品在目标市场所处的位置，是具备有别于竞争品牌的最大化优势。

（二）产品市场调研

市场调研是指运用科学的方法，有目的、系统地搜集、记录、整理市场营销相关的信息和资料，分析市场情况，了解市场的现状及其发展趋势，为市场预测和营销决策提供客观、准确的判断。市场调研是了解市场环境、流行趋势、供需状态、市场策略的最直观有效的方法，是寻求市场与企业之间共谐的过程。

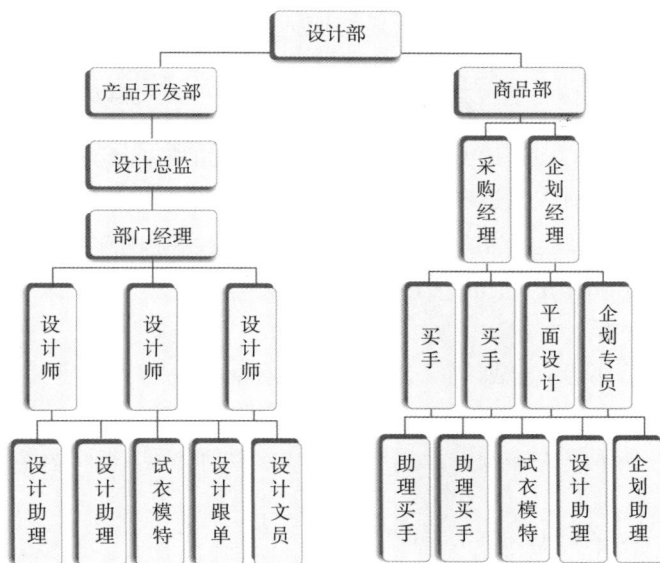

图1-2　设计部门内部组织架构

（三）产品设计开发

产品设计开发是指由设计部门按照前期制订的产品开发方案，按季节分批次开展产品设计开发的全过程。

（四）产品打样

生产部门按照设计部门提供的样板制作单等要求，完成样板的面辅料加工采购、打样制作、样板批复的全过程。

（五）产品筛选和产品订货招商

在召开产品订货会前，设计部门会同销售、商品、企划、生产等职能部门和客户代表共同对设计部门整理出来的下季产品进行综合筛选，根据产品设计主题、系列、上货波段、生产周期、预测爆板等需求筛选出最有可能被市场接受及畅销的款式作为订货会的主推产品。

通过邀请客户在固定时间、固定场地，提前将产品实物以最好的方式呈现出来，客户能直观实地考察产品的质量、规格、标准，精准判断产品的喜好，能够创造友好、盛大合作的氛围，产生巨大的广告宣传和销售效应，服装产品订货会常用的方式包括静态陈列和动态展示。

（六）产品生产

由生产部门主控，对下单生产的服装安排生产计划、物料采购、生产管理和质量控制，再到货物后整包装、完成验收的全过程。

（七）产品形象策划及包装

由策划部门结合商品和设计部门进行服装品牌定位、产品包装、广告宣传推广等工作，用以提升产品整体形象、树立品牌的核心价值、体现企业的精神内涵，扩大品牌知名度，很多服装品牌还会通过聘请形象代言人的形式吸引目标消费群。

（八）产品物流配送

产品物流配送是将生产出来的产品以最快速、最有效的方式流通到各销售终端的过程，是打通进、销、存环节最有力的保障。

（九）产品销售

由销售部主导，通过销售渠道开拓、市场督导、产品数据分析、货品调配等控制维护产品终端市场的销售环节。销售渠道和销售系统的畅通和有效运作，是保证服装企业运营的重要环节，销售率的高低成败是产品是否符合市场需求、影响市场占有率的重要因素，也是企业完成既定目标、创造利润最大化的关键环节。

（十）产品销售分析

由营销部门、商品部门、企划部门为主导，结合店面销售分析、代理商及加盟商等状态和销售分析、同类型的竞争品牌产品市场分析、整体市场销售分析、流行趋势分析等制订产品季度（年度）销售分析报告，为下一季度的市场定位和产品设计提供有效数据和重要的参考资料。

通过各职能部门紧密规范配合完成一个季度的运作流程，实现既定的目标任务后，结合各部门上季度存在的问题进行分析总结及优化调整，并以此来指导下一季度的运作（图1-3）。

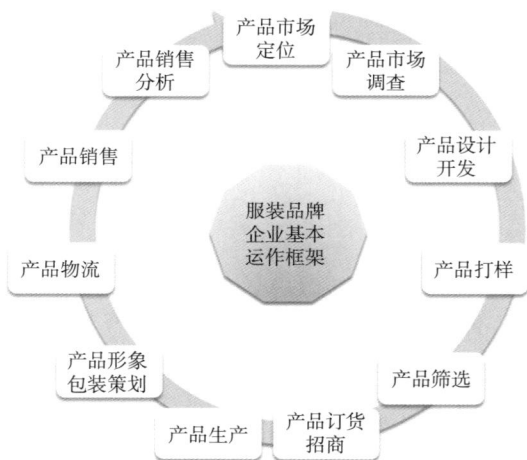

图1-3　服装品牌企业基本运作流程

三、设计师岗位职责

（一）设计总监岗位职责

（1）负责设计部团队的组建和培养，制度建设，组织编制设计管理的制度、流程、督促、检查及贯彻执行负责各项目全过程的设计管理。

（2）制订各季度产品设计方案；协调各阶段设计工作；设计图纸评审，负责设计变更的审批和监督控制。

（3）解决公司内部项目建设中出现的技术问题；指导、监督、考核本部门员工的工作，保障工作目标的实现。

（4）安排部门会议并进行部门工作的规划；监督项目设计进度，保证设计质量；负责设计部日常工作的调度、安排，协调本部门各技术岗位的工作配合；组织设计部协调配合公司其他部门的工作。

（5）负责对本部门下属进行培训，协调下属之间工作上的问题，充分调动下属专业方面的最大创意能力及创意效率。

（6）管理设计部门，领导设计团队，考核部门内部员工的业绩、态度和潜力；部门财务预算制定、控制以及完善激励考核制度。

（二）设计师岗位职责

（1）负责流行资讯的搜集与整理；根据每季的流行趋势及品牌风格撰写设计理念及表达内容。

（2）主题、色彩、素材、配件的计划设定。

（3）细分季节、路线、波段、类别。

（4）依据产品设计方案负责品牌款式的设计。

（5）面料、辅料的搜集；负责制作货品每一个阶段的面料搭配结构。

（6）做好生产技术指导、工艺改进、质量问题的分析与解决；负责编制每季的货号及吊牌价的确定并制作成册。

（7）对产品开发部工作职责的履行和工作任务的完成情况负责；按时完成公司领导交办的其他工作任务。

（8）负责与面辅料商沟通样品情况并跟踪；进行配件的采购及打样预算。

（9）商品构成规划与细项预算编列；完成产品的基本搭配。

（10）监督技术部样衣的制作，并根据意见进行设计的修改和改进。

（11）负责每季新品发布前对相关人员的产品介绍及培训；负责每季新品发布前期的产品拍照及相关制作。

项目练习与实践

1. 了解纺织服装行业的基本现状和发展趋势。

2. 了解服装企业基本部门和岗位设置。

3. 了解服装企业基本运作流程。

4. 了解设计师岗位相关职责。

第二章　服装产品设计基础

学习目标

　　通过对服装板型、面料、加工制作工艺以及样板制作单等内容的学习，使学生了解服装样板设计制作的基础知识和要求，了解和认识各种服装材料以及针、机织服装加工制作的工艺类型和特点，了解和认识各种服装印花、绣花工艺和样板打样以及加工制作的基本流程和方法，并能进行合理运用，熟练掌握设计师岗位必备的知识技能，为后面阶段设计师岗位的实践运用打下坚实的基础。

第一节　了解服装廓型

一、廓型

　　服装廓型是指以服装款式造型和特定人体为依据所展开的结构设计，是服装穿着在人身上最直观的视觉效果体现。常见的服装廓型有A型、H型、X型、O型、T型等（图2-1）。

　　A型服装是以紧身型为基础，用各种方法放宽下摆，形成上小下大的外轮廓型，使人产生华丽、飘逸的视觉感受。

　　H型服装是用直线构成矩形轮廓，遮盖了胸、腰、臀等部位的曲线，在运动中隐见体型，呈现轻松飘逸的动态美及舒适、随意的感觉。H型服装可掩盖许多体型上的缺点，又可展现多种风格。

　　X型服装是通过肩（含胸）部和衣裙下摆做横向的夸张，腰部收紧，使整体廓型呈上下部分宽松、中间窄的造型。X型与女性身材的优美曲线相吻合，可充分展现和强调女性魅力。

　　O型是上下收紧的服装廓型。服装外轮廓线相对柔和，圆润可爱，会让身体得到充分的自由，层叠穿着也很好看。O型服装搭配的要点是手臂和腿部要尽量显得修长，不然就会像卡通形象。

　　T型夸张肩部造型，收缩下摆，外轮廓造型较宽松，通常为连体袖、插肩袖，或加肩垫，或皱褶形式，其型类似大写字母T，在职业装和男装设计中经常采用。

A型　　　　　　　　H型　　　　　　　　X型

T型　　　　　　　　X型　　　　　　　　O型

图2-1　服装廓型

二、尺寸

服装尺寸也叫服装尺码，是用来衡量人体着装标准的一系列规格单位。服装尺寸是服装造型的依据，服装各部位与人体相应部位的具体尺寸关系，对于服装的合体要求来说是至关重要的。根据我国的相关国家标准，成年男女的服装尺码都是用号型制来表示的。服装号型包括"号""型""体型"三部分。其中，"号"表示人体的身高，"型"表示人体的胸围或腰围；"体型"表示人体的胸围与腰围的差数。"型"表示上装尺码时，指净胸围，一般以4cm为一档，通常休闲服装尺码用S、M、L等表示，正装衬衣尺码用39、40、41等表示（数字表示衬衣领围），西服尺码用44A、44B、46A等表示；"型"表示下装尺码时，一般是指净腰围，英制尺码以英寸为单位，如27、28、29等，公制尺寸以厘米（cm）为单位；市制尺寸是我国传统的计量单位，如丈、尺、寸等。

　　服装尺码是服装造型的重要技术指标，也是衡量服装规格大小、舒适度和美观度的重要依据。很多服装企业在长期的服装生产过程中形成了相对固定的标准尺寸作为控制服装产品质量的重要依据。作为设计师在设计和把控服装版型的同时，也需要掌握服装尺寸测量的方法和熟悉各类型产品的基本尺寸规格（图2-2、图2-3）。

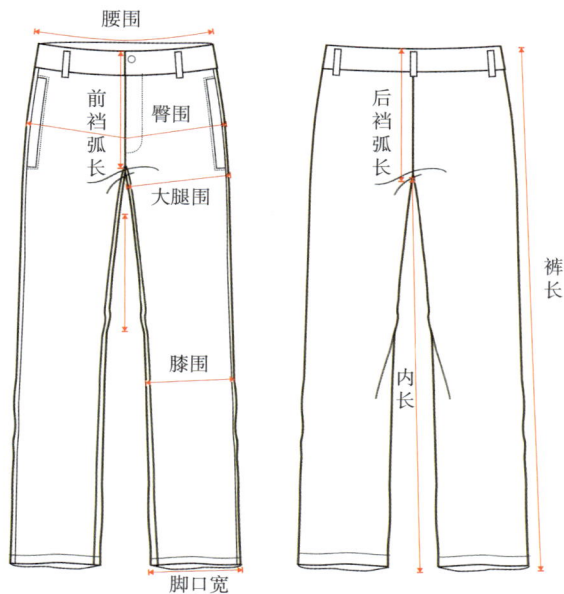

图2-2　裤子尺寸测量部位示意图

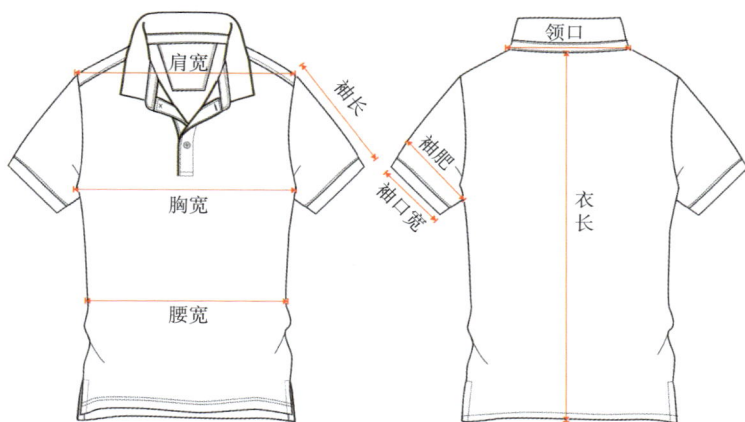

图2-3　上衣尺寸测量部位示意图

各类型服装尺码见表2-1~表2-6。

表2-1 女士牛仔裤基本尺寸表

部位	测量法（cm计）	25	26	27	28	29	30	接受范围
		155/66A	160/68A	165/70A	165/72A	170/74A	175/76A	
腰围	前后裤头对齐平量	70.5	73	75.5	78	80.5	83	±1
臀围	裆上7.5cm水平平齐腰头测量	87.5	90	92.5	95	97.5	100	±1
大腿围	裆底下1cm平量	50.8	52	53.2	54.4	55.6	56.8	±0.5
前裆	连腰计	19.5	20	20.5	21	21.5	22	±0.2
后裆	连腰计	30.5	31	31.5	32	32.5	33	±0.2
膝围	裆底下36cm	35	36	37	38	39	40	±0.5
裤长	连腰计	100	101	102	103	104	105	±1
脚围	全围计	34	35	36	37	38	39	±0.5
钮牌	长×宽	9.5×3.5		10.5×3.5		11.5×3.5		
前袋	侧长×宽	6×9		6.5×9.5		7×10		
后袋	口宽×底宽×中高×侧高	13×11×13.5×10		13.5×11.5×14×10.5		14×12×14.5×11		
机头	侧高×中高	2×4.5		2.5×5		3×5.5		

表2-2 男士牛仔裤基本尺寸表

部位	测量法（cm计）	28	29	30	31	32	34	36	38	接受范围
		165/72A	170/74A	175/76A	175/78A	180/80A	185/84A	185/88A	190/92A	
腰围	前后裤头对齐平量	74	76.5	79	81.5	84	89	94	99	±1
臀围	裆上9.5cm水平平齐腰头测量	93	95.5	98	100.5	103	108	113	118	±1
大腿围	裆底下1cm平度	56.2	57.4	58.6	59.8	61	63.4	65.8	68.2	±0.5
前裆	连腰计	24	24.5	25	25.5	26	27	28	29	±0.2
后裆	连腰计	35	35.5	36	36.5	37	38	39	40	±0.2
膝围	裆底下38cm	40	41	42	43	44	46	48	50	±0.5
裤长	连腰计	105	106	107	108	109	110.5	112	113.5	±1
脚围	全围计	38	39	40	41	42	44	46	48	±0.5
钮牌	长×宽	12.5×3.8		13.5×3.8			14.5×3.8		15.5×3.8	
前袋	侧长×宽	6.5×10.5		7×11			7.5×11.5			
后袋	口宽×底宽×中高×侧高	15.5×13.5×16.5×12.5		16×14×17×13			16.5×14.5×17.5×13.5			
机头	侧高×中高	3.5×5.5		4×6			4.5×6.5			

表2-3 男、女款圆领短袖T恤基本尺寸表

女圆领款短袖T恤尺寸（装）

部位 \ 码数	S	M	L	XL
衣长	58	60	62	64
胸宽	40	42	44	46
腰宽	36	38	40	42
脚宽	40	42	44	46
肩宽	36	37	38	39
袖窿深	17	18	19	20
袖长	13	14	15	16
袖口宽	14	15	16	17
前领深	11.8	11.8	12.3	12.3
领宽	16	16	16.5	16.5

男圆领款短袖T恤尺寸（装）

部位 \ 码数	S	M	L	XL
衣长	70	72	74	76
胸宽	51	53	55	57
脚宽	51	53	55	57
腰宽	51	53	55	57
肩宽	45	46	47	48
袖窿深	22	23	24	25
袖长	21.5	22	22.5	23
袖口宽	18.5	19	19.5	20
前领深	9.3	9.3	9.5	9.5
领宽	18	18.5	19	19.5

表2-4 男、女款翻领短袖T恤基本尺寸表

女翻领短袖T恤尺寸（收身型）

部位 \ 码数	S	M	L	XL
衣长	59	61	63	64
肩宽	34.5	36	37.5	39
胸宽	40	42.5	45	47.5
腰围	36	38	40	42
袖窿深	18	19	20	21
袖长	14.5	15	15.5	16
袖口宽	13.5	14	14.5	15
领宽	17	17.5	18	18.5
前领深	7.7	8	8.3	8.6

男翻领短袖T恤尺寸（收身型）

部位 \ 码数	S	M	L	XL
衣长	66.5	69	71.5	74
肩宽	41	42.5	44	45.5
胸宽	47.5	50	52.5	55
腰围	45.5	48	49.5	51
袖窿深	20	21	22	23
袖长	19	20	21	22
袖口宽	15	15.5	16	16.5
领宽	17	17.5	18	18.5
前领深	8.9	9.2	9.5	9.8

表2-5 男、女款长袖衬衣基本尺寸表

女长袖衬衫（合体）

部位	S	M	L	XL	2XL
衣长	58	60.5	63	65.5	68
肩宽	36	37.2	38.4	39.6	41
1/2胸围	45.5	48	50.5	53	56
1/2腰围	40.5	43	45.5	48	51
1/2脚围	46.5	49	51.5	54	57

男长袖衬衫（合体）

部位	S	M	L	XL	2XL	3XL
衣长	68	70	72	74	76	78
肩宽	45	46.5	48	49.5	51	53
1/2胸围	51.5	54	56.5	59	61.5	64
1/2腰围	49.5	52	54.5	57	59.5	62
1/2脚围	51.5	54	56.5	59	61.5	64

部位	S	M	L	XL	2XL
袖窿深	20	21	22	23	24
袖长	57	59	61	63	65
袖口围×高	20×4.5	21×4.5	22×4.5	23×5	24×5

部位	S	M	L	XL	2XL	3XL
袖窿深	22	23	24	25	26	27
袖长	59	61	63	65	67	69
袖口围×高	22×5	23×5	24×5	25×5	26×5	27×5

表2-6　男、女款西装外套基本尺寸表

女款西装外套（合体型）

部位	S	M	L	XL	2XL
衣长（肩顶）	56	58	60	62	64
肩宽	38	39.2	40.4	41.6	43
1/2胸围	45	47.5	50	52.5	55
1/2腰围	39	41.5	44	46.5	48
1/2脚围	47	49.5	52	55	58
夹圈	21	22	23	24	25
袖长	57	59	61	63	65
袖口围	24	25	26	27	28
领宽	16	16.6	17.2	17.8	18.4

男款西装外套（合体型）

部位	S	M	L	XL	2XL	3XL
衣长（肩顶）	68	70	72	74	76	78
肩宽	46	47.5	49	50.5	52	53.5
1/2胸围	50	52.5	55	57.5	60	62.5
1/2腰围	46	48.5	51	53.5	56	58.5
1/2脚围	51	53.5	56	58.5	61	63.5
夹圈	24	25	26	27	28	29
袖长	61	63	65	67	69	71
袖口围	29	30	31	32	33	34
领宽	18	18.6	19.2	19.8	20.4	21

第二节　认识服装材料

　　服装是由款式、色彩、材料三要素组成的，其中材料是最基本的要素。服装材料是指构成服装的一切材料，可分为服装面料和服装辅料，这里主要给大家介绍服装面料的基本知识。

一、常用服装面料

　　服装面料是指体现服装主体特征的材料，按材料成分可分为以下几种：

（一）棉织物

　　棉织物是指以棉纱线或棉与棉型化纤混纺纱线织成的织品。其透气性好，吸湿性好，穿着舒适，是实用性很强的大众化面料，可分为纯棉制品、棉涤混纺两大类（图2-4）。

（二）麻织物

　　麻织物是指由麻纤维纺织而成的纯麻织物及麻与其他纤维混纺或交织的织物。麻织物的特点是质地坚韧、粗犷硬挺、凉爽舒适、吸湿性好，是理想的夏季服装面料，可分为纯纺和混纺两类（图2-5）。

图2-4　棉织物

图2-5　麻织物

（三）丝织物

丝织物是纺织品中的高档品种。主要指由桑蚕丝、柞蚕丝、人造丝、合成纤维长丝为主要原料的织品。它具有薄轻、柔软、滑爽、高雅、华丽、舒适的优点（图2-6）。

图2-6　丝织物

（四）毛织物

毛织物是以羊毛、兔毛、骆驼毛、毛型化纤为主要原料制成的织品。一般以羊毛为主，它是一年四季的高档服装面料，具有弹性好、抗皱、挺括、保暖性强、舒适美观、色泽纯正等优点，深受消费者的喜爱（图2-7）。

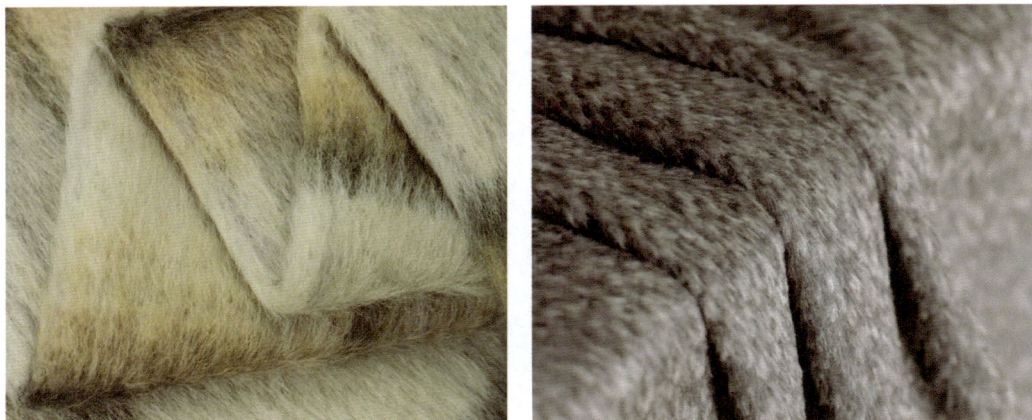

图2-7　毛织物

（五）化纤织物

化纤织物以其牢度大、弹性好、挺括、耐磨耐洗、易保管收藏而受到人们的喜爱。纯化纤织物是由纯化学纤维纺织而成的面料，其特性由其化学纤维本身的特性来决定。化学纤维可根据不同的需要，加工成一定的长度，并按不同的工艺织成仿丝、仿棉、仿麻、弹力仿毛、中长仿毛等织物（图2-8）。

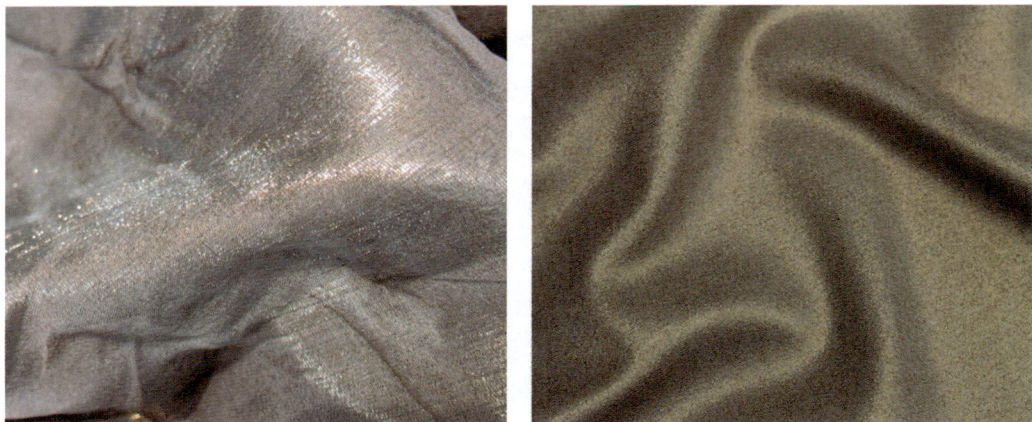

图2-8　化纤织物

（六）其他服装面料

1. 裘皮

英文pelliccia，带有毛的皮革，一般用于冬季防寒靴、鞋的鞋里或鞋口装饰（图2-9）。

图2-9　裘皮

2. 皮革

各种经过鞣制加工的动物皮。鞣制的目的是为了防止皮变质，一些小牲畜、爬行动物、鱼类和鸟类的皮在英语里被称为skin，而在意大利或一些其他国家往往用pelle及其同义词来表示这一类的皮革（图2-10）。

图2-10　皮革

3. 新型面料及特种面料

包括复合材料、PVC、纳米、太空棉等（图2-11）。

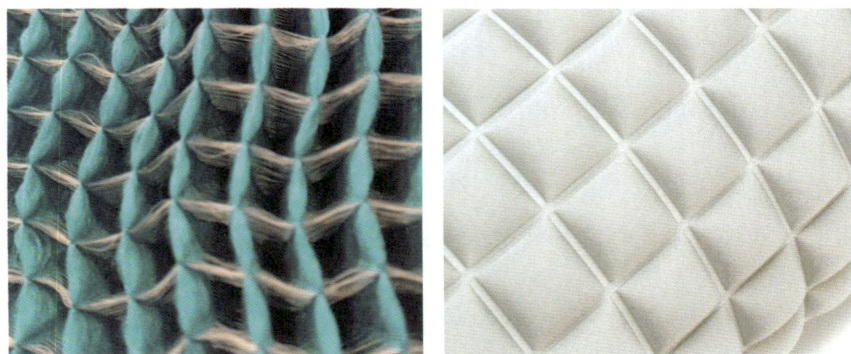

图2-11　新型特种面料

二、服装面料分类

（一）按纱线所用的原料分类（图2-12）

1. 纯纺织物

织物的经纬纱线由单一的原料构成，如用天然纤维织成的棉织物、麻织物、丝织物、毛织物等。也包括用化学纤维织成的纯化纤织物，如人造棉、涤纶绸、腈纶呢等。主要特点是体现了其组成纤维的基本性能。

2. 混纺织物

由两种或两种以上纤维混纺成纱织成的织物。混纺织物的主要特点是体现所组成原料中各种纤维的优越性能，以提高织物的服用性能并扩大其服装的适用性。品种有麻棉、毛棉、毛麻绢、毛涤、涤棉等。命名原则：混纺比大的在前，混纺比小的在后；混纺比相同的，天然纤维在前，合成纤维在其后，人造纤维在最后。

3. 交织物

织物经纱和纬纱原料不同，或者经纬纱中一组为长丝纱，一组为短纤维纱，由此交织而成的织物。交织物的基本性能由不同种类的纱线决定，一般具有经纬向各异的特点。其品种有丝毛交织、丝棉交织等。

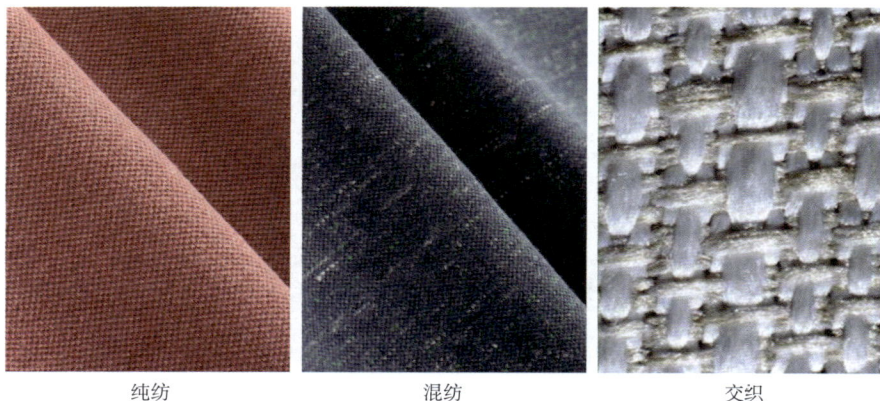

纯纺　　　　　　　　　　混纺　　　　　　　　　　交织

图2-12　织物按纱线所用原料分类

（二）按加工的方法分类（图2-13）

1. 机织物

机织物指以经纱和纬纱用有梭或无梭织机加工而成的织物，主要特点是布面有经向和纬向之分。按织物组织分为平纹组织、斜纹组织、缎纹组织和其他组织织物；按印染整理加工分为漂白布、染色布、印花布、色织布等。

机织物吸湿性能强，染色性能好，缩水率约为3%（公司成衣均经过洗水处理，缩水率在1%以内）；舒适性优良，光泽柔和，坚牢耐用；手感好，弹性较差，易折皱；耐碱不耐酸；耐光耐热性一般；不易虫蛀，但易受微生物的侵蚀而霉烂变质。其织物组织类型和风格特征如下（图2-14）：

（1）平纹组织织物。平纹组织的基本特征是采用经纬纱依次交织排列，纱线在织物中

| 机织 | 针织 | 非织造物 |

图2-13　织物按加工方式分类

的交织点多，使织物挺括牢固，比同规格的其他组织织物耐磨性好，强度高，布面匀整且正反面相同。

（2）斜纹组织织物。采用各种斜纹组织使织物表面呈现经或纬浮长线构成的斜向纹路。

①斜纹布：属中厚的低档斜纹棉布，质地比平布稍厚实柔软，正面纹路清晰。

②卡其布：采用$\frac{3}{1}$右斜或左斜织成的高密织物，手感挺实，布面光泽好。

（3）缎纹组织织物。采用各种缎纹组织，其经纱或纬纱具有长浮线覆盖于织物表面，沿浮纱方向光滑而富有光泽，棉缎质地软而细腻，有弹性，花纹图案比棉斜纹织物富立体感。

| 平纹组织 | 斜纹组织 | 缎纹组织 |

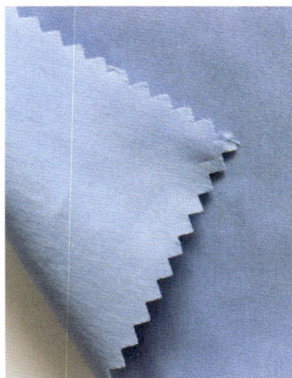  

| 平纹织物 | 斜纹织物 | 缎纹织物 |

图2-14　机织物组织类型

（4）其他组织织物。

①蜂窝织物：经纬纱的浮长均较长，在布面呈现菱形几何图形的立体效果，质地松软，吸水性好，丰厚柔软，穿着中易钩丝。

②灯芯绒：属纬起毛棉织物，由一组经纱和两组纬纱交织而成，地纬与经纱交织形成固结毛绒，毛纬与经纱交织割绒后绒毛覆盖布面，经整理形成各种粗细不同的绒条。

③绒布：棉坯布经拉绒处理，在织物表面形成一层蓬松绒毛的织物。这种绒布因绒毛的存在而使面料间的空气增加，保暖性得到增强。因此，绒布常用制作内衣或婴儿服装，使人感到柔软厚实、舒适感较强。绒布有单面绒与双面绒之分。

2. 针织物

针织物指采用一根或一组纱线为原料，以纬编机或经编机加工形成线圈套而成的织物。按加工方法又可分为单面纬（经）编针织物和双面纬（经）编针织物。

机织面料和针织面料的主要区别是：机织面料是由经、纬两组纱线垂直交织而成的，而针织面料是一组纱线由织针等成圈机件使纱线形成线圈并互相串套而成的，类似我们打毛衣。

（1）性能特点。手感柔软，具有较大的延伸性和弹性、良好的透气性和抗皱性，但易脱散、卷边，易勾丝，不及机织面料坚固耐用。

（2）常用组织种类（图2-15）。

①平纹：连续的单元线圈单向相互串套而成，有脱散性和严重卷边性，易纬斜。

②罗纹：横向有较大弹性和延伸性，不易脱散，无卷边性，尺寸稳定性好。

③珠地：分单珠地、双珠地等。

④针织提花：通过变化纱线粗细、数量、颜色等形成面料花型。

⑤卫衣：小卫衣、大卫衣、斜纹卫衣等。

⑥双面布（健康布）、网眼布等。

3. 化学纤维织物

（1）人造纤维织物。人造纤维织物主要指黏胶纤维长丝和短纤维织物，即人们熟知的人造棉、人造丝织物及黏胶纤维混纺织物。其吸湿性能较佳，穿着舒适性与染色性较好，但缩水率较大；手感柔软、色泽艳丽、透气舒适、悬垂性较佳，刚度、回弹性及抗皱性差，服装的保形性差，易产生褶皱；耐酸碱性、耐光的性能好。

（2）涤纶织物。具有较高的强度与弹性恢复能力；坚牢耐用，免熨烫，易洗快干，但吸湿性差，穿着有闷热感，易产生静电而吸尘沾污；耐酸碱性、耐光的性能好，不怕霉菌、虫蛀。

（3）腈纶织物。有合成羊毛之美称，其弹性与蓬松度可与天然羊毛媲美，色泽鲜艳；抗皱、保暖性较好，具有耐光、耐热性；质量较轻，但吸湿性较差，穿着有闷气感。

（4）氨纶弹力织物。氨纶是聚氨酯类纤维，因具有优异的弹性，又名弹性纤维。一般产品不使用100%的聚氨酯，多在织物中混用5%~30%。外观风格、吸湿、透气性均接近棉、毛、丝、麻等天然纤维同类产品，适合做紧身衣。

平纹	罗纹	珠地
提花	卫衣	网眼

图2-15　针织织物组织种类

三、纤维鉴别

1. 燃烧法

燃烧法是鉴别纤维最简单且常用的方法之一。它是利用各种纤维燃烧特征的不同来鉴别纤维种类的，但只适用于纯纺织品及交织产品，对于混纺新产品、包芯纱产品及经过防火整理的产品不适用。棉在火焰中迅速燃烧，冒灰白色烟；麻在火焰中迅速燃烧，冒白烟；毛渐渐燃烧，有毛发味，燃烧后有松脆黑灰；涤先熔后燃，燃烧后有玻璃状黑褐色硬球；黏胶纤维强度低，下水后变硬。

2. 手感目测法

通过看纤维的长短、色泽杂质，抓捏面料的弹性、硬挺度、冷暖感等方法来判断纤维的种类，是鉴定天然纤维和个别化学纤维品种的简便方法之一，但其准确性较差，尤其难以鉴别化学纤维的具体品种。通常，天然纤维的纤维长度、细度差异较大，附有各种杂质，色彩柔和但欠均匀；化学纤维的纤维长度、细度较均匀，几乎不含杂质，色彩均匀，部分有光泽。

3. 显微镜观察法

利用显微镜观察纤维的纵向和横断面形态特征来鉴别各种纤维，是广泛采用的一种方法。它既能鉴别单成分的纤维，也可用于多种成分混合而成的混纺产品的鉴别。天然纤维有其独特的形态特征，如棉纤维的天然转曲、羊毛的鳞片、麻纤维的横节竖纹、蚕丝的三角形断面等，用生物显微镜均能正确地辨认出来。而化学纤维的横断面多数呈圆形，纵向平滑，呈棒状，在显微镜下不易区分，必须与其他方法结合，才能鉴别。

4. 化学溶解法

溶解法是利用各种纤维在不同的化学溶剂中的溶解性能来鉴别纤维的方法，适用于各种纺织纤维，包括染色纤维或混合成分的纤维、纱线与织物。溶解法还广泛用于分析混纺产品中的纤维含量。

此外，纤维鉴定的方法还包括药品着色法、熔点测定法、密度梯度法、荧光法、双折射法、X射线衍射法和红外吸收光谱法等。

四、织物的物理指标

（1）经向、经纱：面料长度方向，在织物上与布边平行的纵向排列的纱线。

（2）纬向、纬纱：面料宽度方向，织物上与布边垂直的横向排列的纱线。

（3）细度：纤维细度是指以纤维的直径或截面面积的大小来表达的纤维粗细程度，是纺织纤维和纱线的重要指标，在其他条件相同的情况下，纤维越细可纺纱的细度也越细，成纱强度越高。细纤维制成的织物较柔软，光泽柔和。纤维和纱线的细度指标有直接和间接两种。直接指标即直径和截面积；细度的间接指标有定长制和定重制两类，其中定长制中常用的表示方法有线密度、纤度等；定重制中常用的表示方法有公制支数和英制支数。

（4）密度：是指织物纬向及经向单位长度内的纱线根数，有经密和纬密之分。经密又称经纱密度，是织物沿纬向单位长度内的经纱根数。纬密又称纬纱密度，是织物沿经向单位长度内的纬纱根数。经密和纬密以根/10cm表示。

（5）纱支：是定重制纤度单位，分为公支（Nm）和英支（Ne）。公支指在公定回潮率下，1克重的纤维或者纱线所具有的长度米数。例如，20公支棉纱就是指1克重的这种棉纱其对应的长度是20米。其他依次类推。英支指英制支数为1磅（454克）重的棉纱线，其长度有多少个840码长，即为几英支的纱线。支数数值越大，纱线越细，反之纱线越粗。

（6）克重：面料的克重一般为平方米面料重量的克数，克重是针织面料的一个重要的技术指标。

（7）幅宽：面料的有效宽度，一般习惯用英寸或厘米表示，常见的有36英寸、44英寸、56~60英寸等，分别称作窄幅、中幅与宽幅，高于60英寸的为特宽幅。

（8）匹长：每匹纺织品的长度，通常以米来表示。匹长与使用有密切的关系。

（9）捻度：纱线加捻时，两个截面的相对回转数称为捻回数。纱线单位长度内的捻回数称为捻度。

五、织物印染加工的种类

（1）胚布（本色布）：未经漂染印整加工的织物（图2-16）。

（2）漂白布：经漂白处理的织物。

（3）染色布：经染色处理的织物，是染料和纤维发生物理或化学结合，使纺织材料染上颜色的过程（图2-17）。

图2-16 胚布　　　　　　　　　　　　　图2-17 染色布

（4）印花布：经印花加工的织物，是用染料或颜料在纺织品上施以印花的工艺过程（图2-18）。

（5）色织布：将纱线先经过漂白、丝光或染色后作经纬纱，再织成布的织物，有全色织和半色织之分，多以格子面料出现（图2-19）。

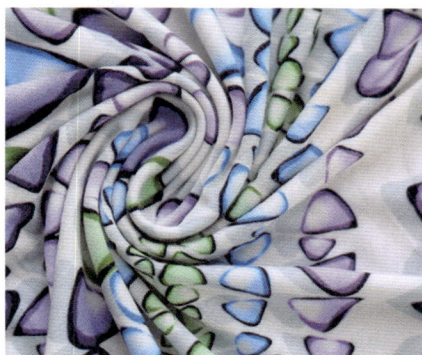

图2-18 印花布

图2-19 色织布

（6）色纺布（花纱）：先将部分纤维或毛条染色，再将染过色的纤维或毛条与本色纤维按一定比例混合成纱，再织成织物（图2-20）。

图2-20　色纺布

（7）提花面料：在面料织造过程中用经纬组织变化形成花纹图案，纱织精细，对原料要求很高，可分为机织提花、经编提花和纬编提花（图2-21）。

图2-21　提花面料

（8）抽纱面料：一种面料刺绣的形式，属于织绣工艺，是根据图案设计将花纹部分的经线或纬线抽取，加以连缀后形成透空的装饰花纹，也称为花边面料（图2-22）。

图2-22　抽纱面料

（9）烧花面料：是由两种纤维组成织物，其中一种能被某种化学品破坏而另一种不受影响，最终形成似透非透效果的特殊风格面料（图2-23）。

图2-23　烧花面料

（10）复合面料：将两种不同材质、不同效果的面料压合、黏合、制造在一起的面料，能形成正反两面不同的视觉效果，是一种新型面料（图2-24）。

图2-24　复合面料

六、面料后整工艺

（1）精梳：精梳是指在纺纱的过程中，增加了精致梳理的程序。做法是梳去较短的纤维，并剔除纤维中的杂质，以制造出平滑的纱线，让面料更有韧性，不易起毛球。"精梳"对比"普梳"，面料密度更大，更柔软、坚实（图2-25）。

（2）普梳：按一般的纺纱系统进行梳理，不经过精梳工序纺成的，短纤维含量较多，纤维平行伸直度差，结构松散，毛茸多，纱支较低，品质较差（图2-26）。

（3）磨毛：磨毛是布料通过磨毛机和金刚砂皮的摩擦作用，所形成的一种仅在外观加以质变的品种，是印染的一个后整理工艺，手感柔软、舒适、质感丰厚，悬垂感强、易于护理、绒面丰盈（图2-27）。

（4）蚀毛：又称消毛，是通过在染缸里面加消毛剂（酵素）把纤维布面的毛羽腐蚀掉，蚀毛后的布面毛羽较少，光泽度高。

（5）抓毛：通过高速运转的很多钢针辊而完成的，钢针把纱线中的纤维从纱线中勾出，形成抓毛后的面料有一层厚厚的毛羽，抓毛出来的毛一般很长（图2-28）。

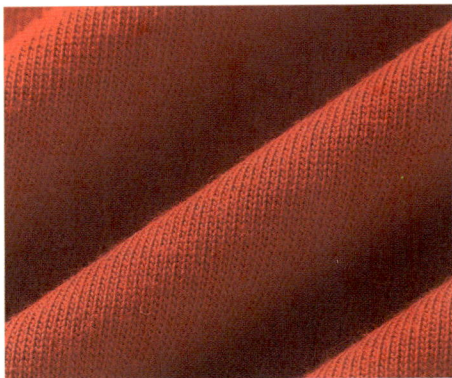

图2-25　精梳棉

图2-26　普梳棉

图2-27　磨毛

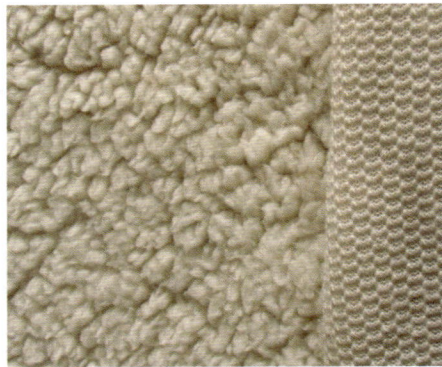

图2-28　抓毛

第三节　认识服装制作工艺

作为一名服装设计师，除了要了解服装裁剪制作的基础知识，同时也需要掌握服装样板打样和加工制作的基本流程和方法，了解各种服装加工工艺并能进行合理运用。常用的服装加工制作工艺包括：

（1）撞色：面料色彩搭配。

（2）骨位：面料缝合拼接部位。

（3）止口：拼合部分预留的缝头。

（4）拉捆：通过在冚车上加装不同规格拉嘴形成平直整齐的包边效果的工艺。

（5）拉领：在领口部分通过拉捆的形式形成的领部造型。

（6）拉链唇：在拉链开合部位加装布条用以遮挡住拉链齿的工艺。

（7）唧边：拼合位添加小立体装饰条的效果。

（8）龟背：后背上贴着脖子的那块半圆形。

（9）散口：止口不做锁边处理，边缘露在外面的效果。

（10）OEM：由委托方提出产品设计方案且被委托方不得为第三方提供采用该设计的产品。

（11）ODM（贴牌）：设计到生产都由生产方自行完成，在产品成型后由贴牌方买走。

（12）FOB：服装包工包料、加工生产、包装整烫到出货的一系列服务过程。

各部位制作工艺示意图如下（图2-29~图2-58）。

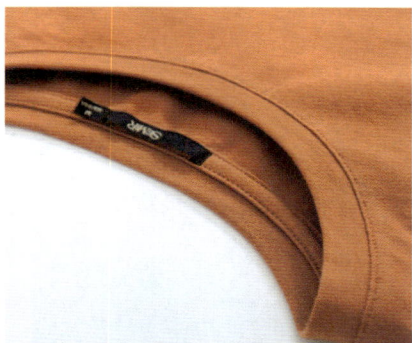

图2-29 原身布绱领、后领包领捆条

图2-30 罗纹绱领

图2-31 拉领、双针单折

图2-32 拉领、单针双折

图2-33 原身布直出领、内贴布

图2-34 拉领、领边剪散口

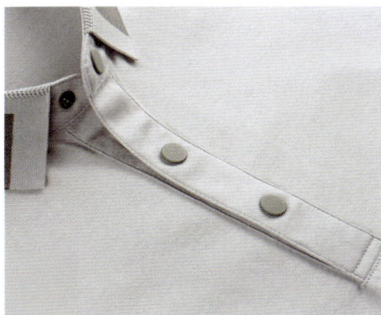

图2-35　正开半胸

图2-36　偏开半胸

图2-37　五角贴袋

图2-38　袋鼠贴袋

图2-39　风琴贴袋

图2-40　缝内袋

图2-41　单唇袋

图2-42　单唇袋、内装拉链

图2-43　双唇袋

图2-44　开袋、装防水拉链

图2-45　暗裥袋

图2-46　明裥袋

图2-47　撞色、骨位

图2-48　拉捆

图2-49　打密集波边、撞色

图2-50　散口边

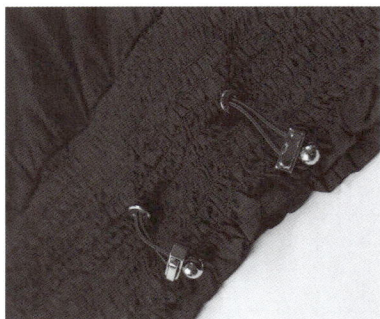

图2-51　打揽

图2-52　唧边

图2-53　龟背

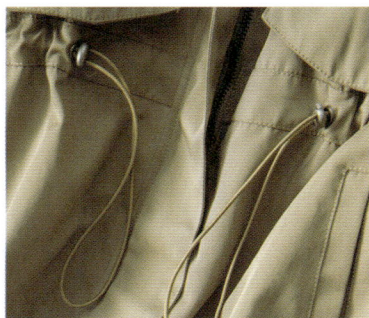

图2-54　抽绳

图2-55　菠萝纹织花扁机领

图2-56　双色扁机袖口

图2-57　拉链唇

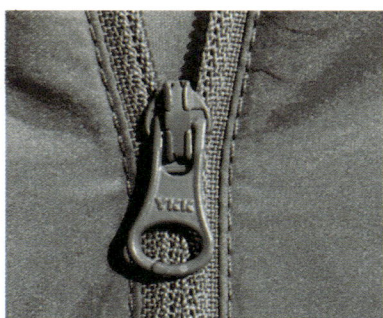

图2-58　拉链露齿

第四节　印花、绣花工艺

一、服装印花工艺介绍

（一）平网印花和数码印花

平网印花是将印花图案分色后通过出菲林、晒网、绷网制作成筛网框，再按印花套色数量一层层将浆料刮印在裁片上的过程。有手工台板式、半自动平板、全自动平板三种。手工台板方便、套色多，能印制精细的花纹，印花种类多，呈现的印花效果丰富，但由于手工贴布、人工抬板和刮浆易产生刮浆不均匀，劳动强度比较大，故慢慢被半自动平板和自动平板印花取代（图2-59~图2-61）。

图2-59　手工台板式印花

图2-60　半自动平板印花　　　　　　图2-61　全自动平板印花

数码印花是用数码技术喷绘打印的印花形式，可分为热升华转移印花、数码直喷打印和数码烫画。通过数码技术印制的图案具有精细、清晰、层次丰富的特点，能印制色彩丰富的各类型高清晰图片。

（二）印花工艺种类

1. 水浆

水浆，是一种水性浆料，印在衣服上手感不强，覆盖力也不强，只适合印在浅色面料上，价格比较低，是属于较低档的印花种类。但它也有一个优点，因为对面料原有的质感影响较小，所以比较适合用于大面积的印花图案（图2-62）。

图2-62　水浆

2. 胶浆

胶浆（水性油墨）的出现和广泛应用在水浆之后，由于其覆盖性较好，深色衣服上也能够印上浅色，而且具有一定的光泽度和立体感，所以得以迅速普及和大量使用。由于它有一定硬度，不适合大面积的图案，大面积的图案最好还是用水浆印，可以点缀些胶浆，这样既可以解决大面积胶浆硬的问题，又可以突出图案的层次感（图2-63）。

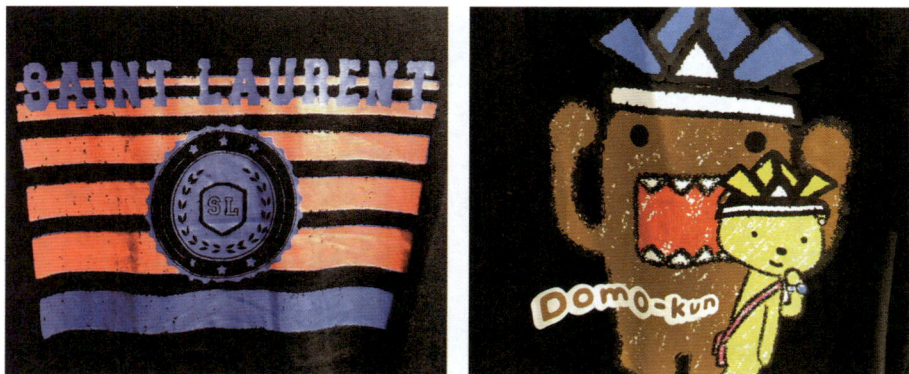

图2-63　胶浆

3. 厚板浆

厚板浆（热固油墨或水性厚板胶浆）源于胶浆，像胶浆反复印了好多层一样，能够达到非常整齐的立体效果，对工艺要求比较高，一般适宜用在比较运动休闲的款式上，图案方面一般采用数字、字母、几何图案、线条等（图2-64）。

图2-64　厚板浆

4. 油墨

油墨（热固油墨或丝印油墨）是一种油性浆料，其覆盖性好，颜色清晰不掉色，能做出逼真写实的效果，机织类面料一般采用油墨来印花（图2-65）。

图2-65　油墨

5. 拉浆（石头浆）

拉浆（石头浆）像是一块块或者一条条的石头形状或者泥浆，是很随性和粗犷的印花种类，也是较新颖的印花品种，多见于休闲男装（图2-66）。

图2-66　拉浆

6. 发泡浆

像面包一样发泡起来的浆，也叫面包浆。先将浆料印在衣料上，然后经高温机器处理，图案就泡起来了，立体感很好，有点软绵，不耐洗（图2-67）。

图2-67　发泡浆

7. 植绒

植绒是利用高压静电场在坯布上面栽植短纤维，即在承印物表面印上黏合剂，再利用一定电压的静电场，使短纤维垂直加速，并植到涂有黏合剂的坯布上（图2-68）。

图2-68　植绒

8. 龟裂浆

是在胶浆的基础上，在其浆料里加入一定量的收缩反应料，并经过一定工序完成的。龟裂印花做出来的效果就像大地干裂或拉裂的效果（图2-69）。

图2-69　龟裂浆

9. 烫印（烫金烫银）

一种印刷装饰工艺，将金属印版加热，锡箔纸（金银、激光等），在印刷品上压印出闪光文字或图案，但容易脱落和剥离（图2-70）。

图2-70　烫印

10. 印闪粉

将金色、银色、彩色的闪光散粉颗粒与浆料调和后印在面料上，视觉效果同烫印相似，区别在于是混合粉末状颗粒在浆料内（图2-71）。

图2-71　印闪粉

11. 荧光印花

属于特殊印花的一种，是利用蓄光材料加黏合剂等助剂进行印制，经日光或其他光源照射后，夜光粉储蓄能量，由低能态跃升到激活态，入夜后在黑暗中能够放出黄绿亮光，具有特殊的视觉效果（图2-72）。

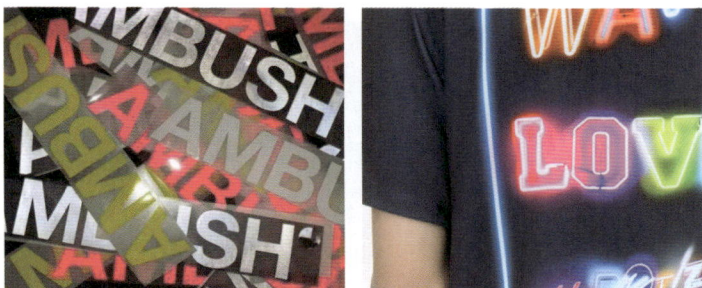

图2-72　荧光印花

12. 变色印花

变色印花指随着周围环境的温度、光线明暗、织物干湿等变化，引起花纹图案的色泽也随之产生忽隐忽现的变化。可通过浆料区分，有光变、温变、干湿变化（图2-73）。

图2-73　变色印花

13. 拔印

拔印指在已经经过染色的织物上，印上含有还原剂或氧化剂的浆料把织物组织纤维的颜色抽拔掉而使局部露出白地或有色花纹，似洗水效果。拔染印花工艺繁杂，容易产生病疵，成本较高，一般印在纯棉面料较好（图2-74）。

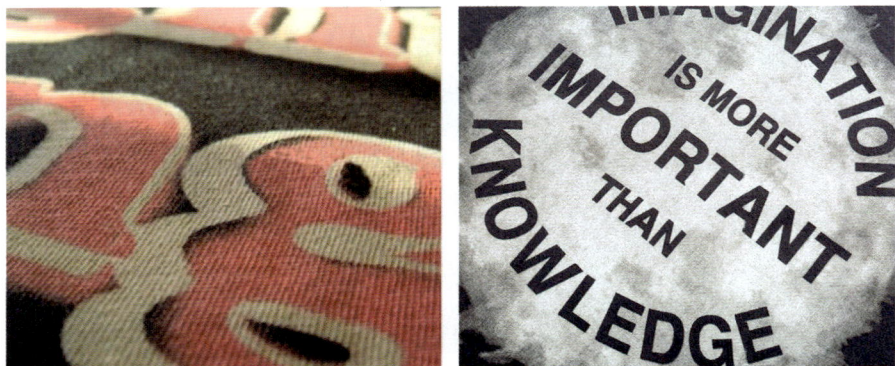

图2-74　拔印

（三）其他特殊印花及图案装饰工艺

1. 吊染

吊染属于洗水工艺。将服装吊挂起来，排列在往复架上，染槽中先后注入液面高度不同的染液，先低后高，后分段逐步升高。染液先浓后淡，如此即可染出阶梯形效果（图2-75）。

2. 手绘

手绘效果和印花类似，但更加灵动和自由。用干透之后不溶于水的丙烯颜料或印花浆料在衣服上作画，之前多用于T恤和牛仔，现已经开始广泛应用在各种面料甚至雪纺上（图2-76）。

图2-75　吊染

图2-76　手绘

3. 烫钻

在颗粒状材料外面喷涂胶水，按图案要求先固定到透明胶纸上，再高温熨烫固定在织物上（图2-77）。

图2-77　烫钻

4. 喷色

喷色是用专门的喷枪将水性浆料喷绘在成品衣服或裁片上，也可以当画笔使用，也可以借用模具，通过不同造型模具喷出图案（图2-78）。

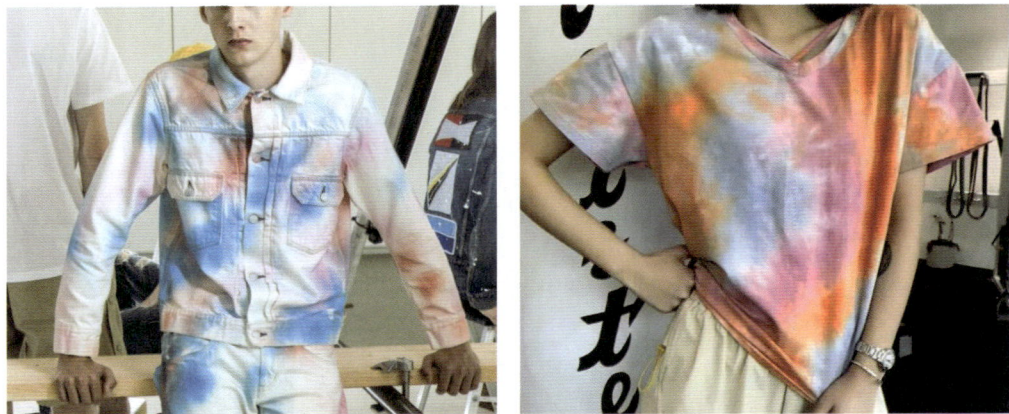

图2-78　喷色

5. 雕花

雕花（激光雕花）利用激光能量密度极大的特点，将激光投射到服装布料、皮革等材料的表面上使材料气化，并在服装材料表面产生清晰的外形，或直接烧切掉布料皮革等材料，使其镂空而形成花型（图2-79）。

图2-79　激光雕花

6. 数码热转移印花

利用计算机将花型分色，然后把图案通过高精度电雕机，将花型印在特种纸上，再转移印花纸，经过一定的时间、温度和压力的控制，花型会被印在面料上。热转移印花通常分为热熔型转移印花和热升华型转移印花，热熔型转移印花常用于全棉制品，缺点是手感透气性差；热升华型转移印花常用于涤纶（图2-80）。

图2-80　数码热转移印花

7. 数码直喷印花

像打印机一样直接将图案打印喷绘在面料上的形式。数码直喷按织物的品种、染料的类型可以分为酸性直喷印花（真丝、尼龙）、活性直喷数码印花（棉、麻、真丝）、涂料直喷印花（几乎所有材质的裁片、成衣）（图2-81）。

图2-81　数码直喷印花

8. 数码烫画

烫画需要先制板，然后喷绘印制在PET离型底材上，之后通过烫画机将热熔胶黏合在衣服上，故手感较硬（图2-82）。

图2-82　数码烫画

9. 压绒、压胶

压绒、压胶印花是指先做出一个图案的模，然后热压在绒或者特殊的胶上冲出图案的形状（图2-83）。

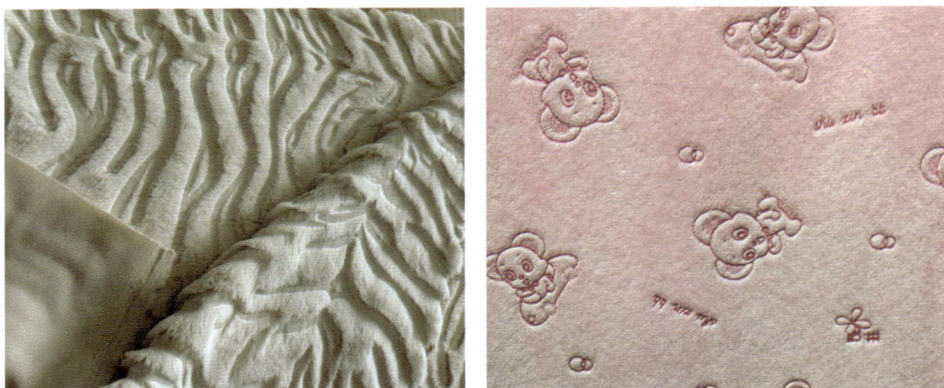

图2-83 压绒、压胶

10. 凸凹压花

原理与压绒、压胶印花相似，是指先做出一个图案的模，然后热压在垫有绒或者特殊胶的裁片上，使之冲出图案的凹凸立体形状。凸凹压花直接印在衣服的装饰部位，一般用于做一些线条比较粗大的简单花型（图2-84）。

图2-84 凹凸压花

11. 复合材料

将选定的材质激光切割出需要的花型后高温烫印在面料上，材质可选择的种类较为丰富，故是近几年非常流行的一种装饰工艺（图2-85）。

12. 无缝压胶

一种新型红外光谱（激光）黏合技术，将PU或PVC材质的胶膜通过激光切割成条状压印在面料上，下层可固定拉链、面料，外观看不到缝线，优点是防水、美观平整，多用于登山服、冲锋衣、运动服、滑雪服的拉链拼合部位，也可作为时装上的装饰（图2-86）。

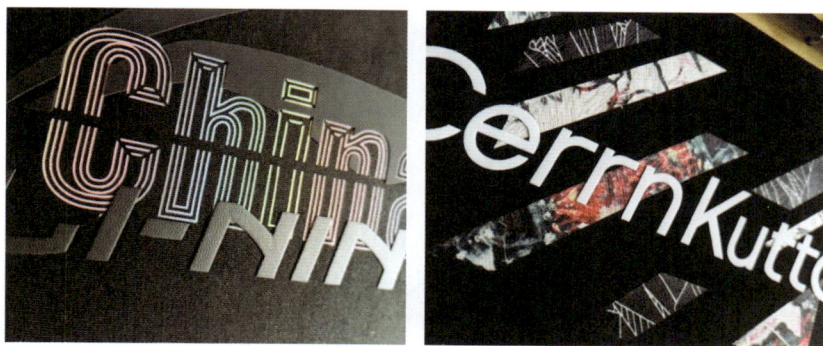

图2-85　复合材料

图2-86　无缝压胶

二、服装绣花工艺介绍

（一）计算机绣花

计算机绣花能使传统的手工绣花得到高速度、高效率的实现，并且还能实现手工绣花无法达到的"多层次、多功能、统一性和完美性"的要求。通过计算机打板（打带）指导绣花机按照设定的针迹执行高速绣花的过程。绣花机根据机头的数量分为单头机和多头机（2~24头）；以每一头所含机针的多少分为单针和多针（3~12针）等，如图2-87所示。

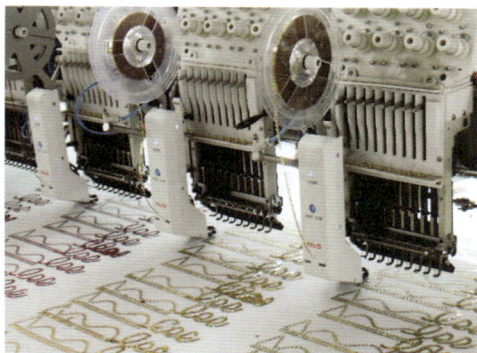

图2-87　计算机绣花

1. 走针

走针（单针）指像缝纫机车线的针迹效果的最简单的针法，通过来回走针形成2道线、3道线的效果，主要用于刺绣一些较细的线段（图2-88）。

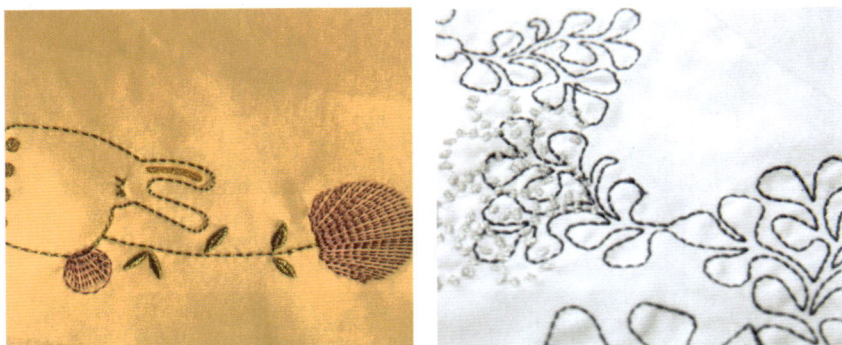

图2-88　走针

2. 挨针

挨针是一种来回往复、形成"之"字形密集排列的针法，主要用于填绣较窄的带状图形（图2-89）。

图2-89　挨针

3. 榻榻米

由特殊排列方式的单针组成，针迹排列紧凑、整齐，主要用于填绣大面积或者不规则的封闭图形（图2-90）。

4. 三角挨针，人字针

三角挨针与挨针的区别在于三角挨针相邻的两条针迹线呈等腰三角形。三角挨针常用于包边，整齐而均匀。三角针包边会形成一个三角，而人字针则会形成人字外形。三角针与人字针一般都常用于轮廓包边（图2-91）。

5. 贴布绣

将其他面料根据设定的形状剪贴绣缝的形式，根据面料边缘处理的形式可分为散口贴布绣和包边贴布绣（图2-92）。

图2-90　榻榻米

图2-91　三角挨针、人字针

图2-92　贴布绣

6. 包梗绣

用较粗的线打底或棉绳垫底，用挨针绣满，使花纹隆起，富有立体感（图2-93）。

7. 锁链针

锁链针是单针的另一种形式，可用Cornely缝纫机重复走单针而形成，一般多用在窗帘和家具织物上的刺绣（图2-94）。

图2-93　包梗绣

图2-94　锁链针

8. 珠片绣

通过在机器上安装珠片，由若干个珠片和针迹构成图案的绣花效果（图2-95）。

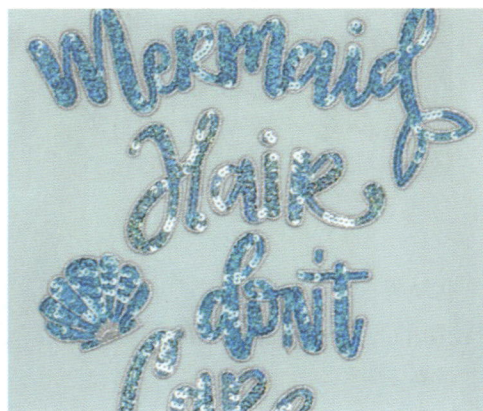

图2-95　珠片绣

9. 镂空绣

又称雕绣，指用黏胶长丝做绣花线，将花纹绣在底布上，同时用切割刀或者激光将花纹中间镂空的形式，多用于花边、蕾丝等装饰面辅料（图2-96）。

图2-96　镂空绣

（二）机绣（手摇绣）

机绣（手摇绣）是一种半人工、半机器的工艺。一般说机绣是指用单头平车绣，完全人手操控的一种绣法。操作时一人控制一个车台，只有一个机头，针法灵活，效果丰满立体，在绣之前一般要根据图纸先做出针稿，然后用消色粉印在面料上，再上机进行绣花（图2-97）。常用的工艺有毛巾绣、饰带绣、包绳绣等。

图2-97　机绣

1. 毛巾绣

通过特种毛巾机头，绣线从机头器底下勾上去，绕出一个个线圈，形成毛巾效果，又称勾毛，具有多层次、新颖性和立体感（图2-98）。

2. 饰带绣

用丝带或其他缎带、纱带盘成各种图形图案，又称盘花绣（图2-99）。

图2-98 毛巾绣

图2-99 饰带绣

3. 包绳绣

将绣绳绣于布面，使绳绣花样具有多层次、新颖性、立体感等特点（图2-100）。

图2-100 包绳绣

（三）手工刺绣

手工刺绣是我国民间传统手工艺之一，至少有两三千年的历史。我国除了苏绣、湘绣、粤绣和蜀绣这"四大名绣"外，还有京绣、鲁绣、汴绣、瓯绣、杭绣、汉绣、闽绣等地方名绣，我国的少数民族也都有自己特色的民族刺绣。手工刺绣的绣法有平绣、错针绣、网绣、满地绣、盘金绣、马尾绣、打子绣等（图2-101）。

图2-101　手工刺绣

（四）珠绣

珠绣是在刺绣基础上发展而来的，把珠粒通过各种绣法组合成图案，可独立表现也可结合刺绣工艺共同呈现。即富有时尚、潮流的欧美风格，又具有典雅、高贵的东方文化和民族魅力（图2-102）。

图2-102　珠绣

第五节　服装产品配色方法

一、服装基本配色方法

（一）同类色配色

选择相邻或相近的色相进行搭配。这种配色因为含有某一共同色系的颜色，所以视觉上协调、舒服、稳定。如果是单一色相的浓淡搭配则称为同色系配色，采用同色系配色的服装显得柔和文雅。常见的色彩搭配有浅蓝配深蓝、紫配橙、绿配橙、墨绿配浅绿、咖啡配米色等（图2-103）。

图2-103　同类色配色

（二）呼应式配色

同一种色彩在服装不同位置出现形成呼应，这种配色方式使服装稳定而均衡，能产生统一和协调感（图2-104）。

图2-104　呼应式配色

（三）套色法配色

在花纹图案颜色中选择其中一种颜色作为色彩搭配的方式叫套色法，能使服装和谐、整体（图2-105）。

图2-105　套色法配色

（四）对比配色

用色相、明度或艳度的反差进行搭配，有鲜明的强弱感。明度的对比给人明快清晰的印象。对比较大时，显得个性比较张扬，反之则显得个性比较内敛。例如，红配绿、黄配紫、蓝配橙（图2-106）。

图2-106　对比色配色

（五）渐进式配色

按色相、明度、艳度三要素之一的程度高低依次排列颜色。特点是即使色调沉稳，也很醒目，尤其是色相和明度的渐进配色（图2-107）。

图2-107　渐进式配色

（六）万能色配色

万能色包括是黑、白、金、银、灰，是色彩中的万金油，它们和任意色彩进行搭配都能产生和谐的视觉（图2-108）。

图2-108　万能色配色

二、产品配色的要点

（一）服装产品色彩搭配要点

1. 与产品风格的统一

色彩能决定服装给予人的第一印象，是消费者产生强烈购买欲望最关键的要素。在色彩运用时要充分考虑产品的风格特点并与之相协调。上班穿着的通勤风格服装适合运用色彩淡雅偏中性色调的颜色，能让人产生谦逊、宽容、成熟和沉静之感，如果运用强烈的色彩对比进行配色会给人产生拥挤、刺眼的感官体验，不利于营造和谐平和的工作氛围；时尚类休闲装需要运用最流行的时尚色彩来体现产品的时尚性；田园风格的服装产品不适合运用大红大绿的高纯度色彩，而需用温馨休闲的低纯度色彩与之做到风格的协调（图2-109）。

图2-109　与产品风格的统一

2. 与产品系列主题色系的统一

产品设计方案是指导设计师进行产品设计的依据，产品色彩运用也需要按照制订的色彩方案来实施。产品色彩方案分主题制订了对应的色彩系列，在色彩运用时要充分结合主题色系和产品的基础色、主推色等展开运用（图2-110）。

图2-110　与产品系列主体色系的统一

3. 服装产品图案颜色搭配原理

（1）对印花色数量和工艺的要求。图案在服装上呈现的形式大多数是通过印花来完成。印花主要有网板印花和数码印花，其中网板印花是需要将印花图案分色后制作成对应数量的板框，再一层层套色进行印制。印花色彩数量越多，重复工作越多，印花工艺运用越多，投入时间越多，最终会影响生产效率和提高生产成本，所以设计师在进行图案色彩搭配时也需要综合考虑生产制作成本和工艺合理性（图2-111）。

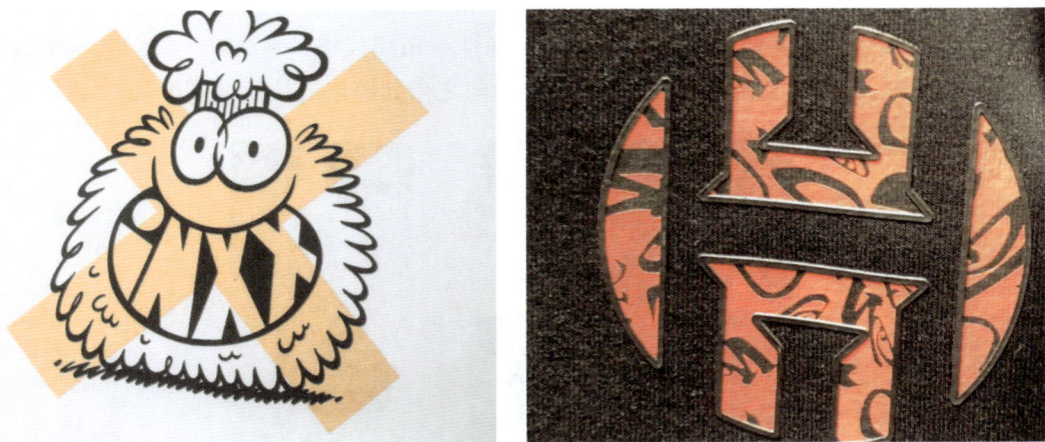

图2-111 对印花色数量和工艺的要求

（2）同色系和对比色配色运用。同种色在纯度和明度上的搭配组成的同色系组合容易使色彩产生和谐的视觉之感；而色彩差异明显的对比色组合则容易产生时尚、活力的视觉冲击，在色彩搭配中也是较为常用的搭配形式（图2-112）。

图2-112 对比色和同色系配色运用

（3）服装色彩与图案色彩的呼应。服装产品设计过程中往往会遇到由款式分割运用带来的配色，通过对图案色彩的提取运用也能产生很好的和谐舒适度（图2-113）。

图2-113 服装色彩与图案色彩的呼应

4. 流行色配色运用

每一季度市场都会产生有引导性和代表性的流行色，作为设计师需要充分了解流行信息，捕捉流行元素充分运用到产品设计中，以此提升产品的市场认可度，以吸引更多的追逐时尚的消费人群（图2-114）。

图2-114 流行色配色运用

5. 万能色、经典色的组合搭配

黑、白、金、银、灰是色彩搭配的万能色。黑加红、白加黑加灰、宝蓝加枣红、米色加咖啡、浅灰加深灰、白加蓝色、粉红加灰等是较为经典的色彩组合方式，在色彩搭配过程中可以充分运用万能色、经典色以达到和谐舒适的视觉效果，但过度使用也容易造成古板保守的感觉（图2-115）。

图2-115　经典色的组合搭配

（二）产品色彩组合配色要点

产品推向市场一般是单款多色的，即同一款式有2~4种颜色可供消费者选择，设计师在进行样板制作单编制过程中需将服装进行多组色配色，在组合配色时需要考虑以下几点：

1. 产品风格与色彩组合的统一

每组配色都需按照产品风格特点合理选择色彩，做到所有颜色同风格的协调。例如，甜美可爱风格的服装选择粉嫩明亮色系，职业通勤装选择中性素雅色系等（图2-116）。

图2-116　产品风格和色彩组合的统一

2. 产品色彩运用构成

服装产品在市场销售过程中，一般都会形成具有产品标识作用的标识色、市场畅销的畅销色、产品色彩基础组合的常规色、色彩系列的主打色，以及符合流行趋势的流行色等，设计师在组合配色时需综合考虑，以同时满足企业需要及市场需求（图2-117）。

图2-117　产品色彩运用构成

3. 色彩的深浅明暗层次搭配

　　为最大限度满足各类型人群的色彩需求，产品组合配色时需综合考虑消费者的个性喜好差异，在色彩组合时遵循纯度、明度、色相的层次搭配原则，做到色彩有深有浅、有明有暗、有鲜有灰的层次组合（图2-118、图2-119）。

木槿紫　　　　　　　　　标准白

乳黄　　　　　　　　　传奇蓝

图2-118　产品色彩层次搭配一

图2-119　产品色彩层次搭配二

三、了解潘通色卡

潘通色卡（PANTONE）为国际通用的标准色卡，中文惯称潘通。PANTONE是享誉世界的色彩权威，是涵盖印刷、纺织、塑胶、绘图、数码科技等领域的色彩沟通系统，目前已经成为当今交流色彩信息的国际统一标准语言。

PANTONE色号是服装企业标记识别色彩最重要的方式，对于产品面料色号、印花、绣花色彩标识、配色组合效果等均用其进行标识，是设计师必备的色彩工具。PANTONE是主要的纺织服装色彩系统，该系统包括2300余种棉布或纸板色彩，不仅可以组建新的色库和概念化的色彩方案，还可以提供生产程式中的色彩交流和控制（图2-120）。

图2-120　潘通色卡

第六节　服装样板制作单的编写

　　服装样板制作单是设计部门设计开发最新款式出具的综合性技术指导文件，详细规定了该款式工艺制作要求和技术指标，是服装新产品开发打样的重要依据。样板单制作是否规范直接决定了服装新产品开发的美观合理性和可操作性，同货品工艺生产单有明显区别。

一、款号的编写

　　货品编码分国标条码和企业内部编码，这里主要是对企业内部编码进行说明。服装款式编号是显示服装款式类别、年份、季度、系列信息、材料、颜色等最快捷简便的标识，为加强对货品的统一管理，每个企业都会依据公司的运营方式和需求建立规范的商品编码识别系统。

1. 商品编码说明（表2-7）

表2-7　货品编码说明表

1. 商品编码长度可根据企业需求设置：以10位字符为例（字符包括字母、数字，进行说明）
2. 第一位字符为：年份（取年份的后一位字符即可）
3. 第二位字符为：性别
4. 第三位字符为：季节
5. 第三位字符为：产品开发系列
6. 第四位字符为：货品大类别
7. 第五、六位字符：小类别
8. 第七、八、九位字符：款号流水号

2. 商品编码列表参考规范（表2-8）

表2-8　商品编码列表参考规范表

字符位	编码表示内容	备注
1	年份编码	取年份后一位数字（如2019年，取"9"即可，其他以此规则类推）
2	性别	1—男；2—女；3—中性
3	季节编码	1—春季；2—夏季；3—秋季；4—冬季
4	产品开发系列	1—时尚；2—校园；3—通勤；4—都市5—XXX
5	大类	可用字母或数字，详情请见大小类编号规则表
6-7	小类	详情请见大小类编号规则表
8-10	款号流水号	此品牌此类型此年份此季的该款正式生产代码流水号（如XX服饰2019年生产开发夏季的第一款货品时，即用001表示，第二款用002表示）

3. 实例说明

　　女装2019年春季校园圆领短袖T恤商品编码为9222T04001（表2-9）。

表2-9　实例说明表

字符位	1	2	3	4	5	6	7	8	9	10
货品编码	9	2	2	2	T	04		001		
代表内容	年份编码	性别	季节编码	产品开发系列	货品大类	货品小类		款号流水号		

4. 服装大小类编码规则（表2-10）

表2-10　服装大小类编号规则表

大类编号	大类描述	小类编号	小类描述	商品属性	大类编号	大类描述	小类编号	小类描述	商品属性
B	背心	01	吊带背心	上装	S	半身裙	36	长裙	下装
		02	背心	上装			37	短裙	下装
X	小衫	03	小衫	上装			38	牛仔长裙	下装
T	T恤	04	圆领短款	上装			39	牛仔短裙	下装
		05	圆领长款	上装	M	毛衫	45	毛背心	上装
		06	V领短款	上装			46	毛衣	上装
		07	V领长款	上装			47	毛外套	上装
C	衫衣	08	长袖衬衣	上装			48	毛针裙	上装
		09	短袖衬衣	上装	P	皮衣	40	皮外套	上装
Z	针织衫	10	针织开衫	上装			41	皮风衣	上装
		11	针织套头衫	上装			42	皮草马夹	上装
W	卫衣	12	开衫卫衣	上装			43	皮连衣裙	连衣裙
		13	套头卫衣	上装			44	皮短裙	下装
F	风衣	14	梭织风衣	上装			45	皮裤	下装
		15	呢料风衣	上装	R	皮草	80	皮草外套	上装
D	大衣	16	大衣	上装			81	皮草风衣	上装
Q	外套	17	针织外套	上装			82	皮草马夹	上装
		18	梭织外套	上装			83	皮草连衣裙	连衣裙
N	连体裤	19	连体裤	下装			82	皮草马夹	上装
		20	连体裙	下装			85	皮草裤	下装
K	裤类	20	打底裤	下装	Y	羽绒	86	短羽绒	上装
		21	短裤	下装			87	长羽绒	上装
		22	五分裤	下装	O	配饰	90	项链	配饰
		23	七分裤	下装			91	围巾	配饰
		24	九分裤	下装			92	帽子	配饰
		25	长裤	下装			93	袜子	配饰
		26	牛仔短裤	下装			94	包包	配饰
		27	牛仔五分裤	下装			95	领带	配饰
		28	牛仔七分裤	下装			96	皮带	配饰
		29	牛仔九分裤	下装			97	首饰	配饰
		30	牛仔长裤	下装			98	胸花	配饰
A	西装	31	西装	上装			99	鞋子	配饰
E	披肩	32	披肩	上装	H	物料	00	其他	其他
L	连衣裙	33	连衣裙	连衣裙	I	针织上衣	b1	针织无袖上衣	上装
		34	吊带裙	连衣裙			b2	针织短袖上衣	上装
		35	牛仔连衣裙	连衣裙			b3	针织中袖上衣	上装
G	两件套	a1	短袖两件套	上装			b4	针织长袖上衣	上装
		a2	长袖两件套	上装	J	马甲	c1	针织马甲	上装
							c2	机织马甲	上装

5. 颜色编码规则（表2-11）

图2-11 颜色编码规则表

色系	色号/色									
黑白色系	001	002	003	004	005	006	007	008	009	010
	黑色	白色	本白色	黑白色	黑红色	黑粉色	黑黄色	黑蓝色	黑灰色	黑绿色
	011	012	013	014	015	016	017			
	白黑色	白红色	白粉色	白黄色	白蓝色	白灰色	白绿色			
红色系	101	102	103	104	105	106	107	108	109	110
	红色	粉红色	桃红色	浅红色	玫红色	锈红色	西瓜红	橘红色	橙红色	杏红色
	111	112	113	114	115	116	117	117		
	枣红色	紫红色	砖红色	暗红色	暮红色	酱红色	豆沙红	中沙红		
蓝色系	201	202	203	204	205	206	207	208	209	210
	蓝色	宝蓝色	粉蓝色	浅蓝色	深蓝色	天蓝色	蓝红色	蓝橘色	蓝橙色	蓝绿色
	211	212								
	蓝白	蓝红								
黄色系	301	302	303	304	305	306	307	308		
	黄色	土黄色	芥黄色	米黄色	姜黄色	泥黄色	浅黄色	深黄色		
橙色系	401	402	403	404	405	406	407	408	409	
	橙色	粉橙色	浅橙色	深橙色	橙灰色	橙白色	橙红色	橙黑色	橙蓝色	
绿色系	501	502	503	504	505	506	507	508	509	510
	绿色	浅绿色	深绿色	墨绿色	军绿色	蓝绿色	果绿色	灰绿色	黄绿色	绿白色
	511									
	绿红色									
紫色系	601	602	603	604	605	606				
	紫色	浅紫色	深紫色	粉紫色	酱紫色	紫红色				
粉、杏色系	701	702	703	704	705	706	707	708	709	710
	粉色	彩粉	豆沙粉	粉杏	花粉	藕粉	浅粉	深粉	薯粉色	杏色
	711	712	713	714						
	浅杏色	深杏色	米杏色	粉杏色						
花色系	801	802	803	804	805	806	807	808	809	
	红花	蓝花	黄花	橙花	绿花	紫花	粉花	杏花	咖花	
灰、驼、豹纹、卡其、咖色系	901	902	903	904	905	906	907	908	909	910
	灰色	浅灰	深灰	粉灰	黑灰	杏灰	银灰	炭灰	橙灰色	花灰
	911	912	913	914	915	916	917	918	919	920
	浅花灰	灰白色	灰绿色	灰蓝色	卡其	卡其绿	卡其杏	咖啡色	浅咖啡	深咖啡
	921	922	923	924	925	926	927	928	929	999
	粉咖色	杏咖色	红咖色	咖驼	豹纹	豹点	金色	银色	银灰色	均色

6. 尺码规范编码（表2-12）

表2-12 尺码规范编码表

尺码编码	01	02	03	04	05	06	07	尺码编码	00			
尺码名称	XS	S	M	L	XL	2XL	3XL	尺码名称	F均码			
尺码编码	25	26	27	28	29	30	31	32	33	34	35	36	38
尺码名称	25	26	27	28	29	30	31	32	33	34	35	36	38

7. 货品条形码组成规范

根据以上相关的资料：货品编码、颜色编码、尺码编码，可以组成一个内部专用的条形码，可供销售、盘点、快速识别货品时使用。例如，服饰货品编码为：9222T04001，色号为：001（黑色），尺号为：01（T1码），对应产生条形码的数据应为：货号+色号+尺号=货品条形码，即9222T0400100101。

二、款式板型、尺寸、面辅料说明

1. 款式板型

根据设计样板的外形特点定义，如修身型、标准型、宽松型、加长型、特殊型等。

2. 样板尺寸

根据设计样板号型提供各部位相对应的参考尺寸数据。一般企业的设计样板女装按160/M码、男装是按175/L码、童装按120码来提供各部位参考数据。

3. 面辅料说明

设计样板需对使用面料种类、成分、克重、纱织等基本信息进行说明，同时需提供纽扣、拉链、装饰物料等的具体规格、参数等信息说明。例如，女装夏季圆领款短袖T恤，使用面料为32S，160G，精梳全棉平纹布。

三、正、背面款式图

随着计算机技术的推广，现代企业均需要求绘制完整且规范的服装正、背面款式图稿，用来详细标注款式每一部分的细节特征。常用的绘图软件有CorelDRAW、AI等（图2-121）。

四、工艺制作说明标注

产品样板制单需详细标注设计款式图稿每一部分的工艺制作说明，特别是款式细节特点及尺寸说明，要尽可能完整地用文字或放大图样进行标注，让制板部门能根据标注工艺顺利将样板制作出来（图2-122）。

图2-121　正、背面款式图

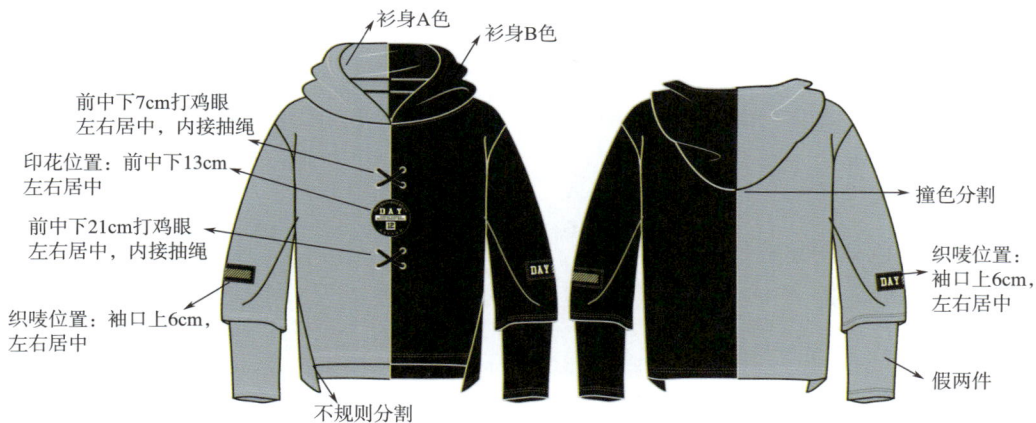

图2-122　款式工艺制作说明

五、印花工艺及花位说明

产品设计中若有图形图案和需定制的特殊工艺，需提供详细文字或图稿进行工艺及制作说明，标注绣花、印花等工艺要求和尺寸、图案制作位置以及配色说明（图2-123）。

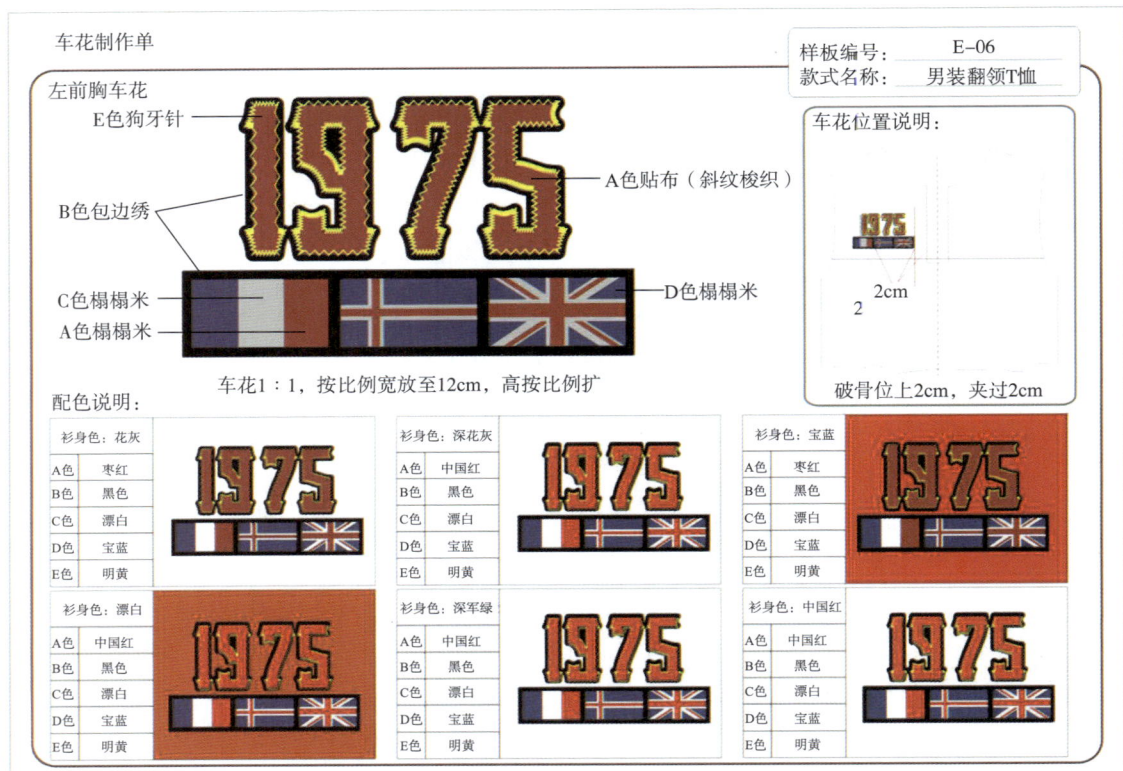

图2-123　印花工艺及花位说明示例图

六、辅料制作说明

产品设计中若有领子、袖口扁机、装饰唛、拉链头、纽扣等特殊辅料，需提供详细制作说明以便辅料制作样板（图2-124）。

七、款式配色和图案配色

样板制作单需提供产品设计款式的色彩配色资料以及对应图案的配色资料（图2-125）。

八、修改调整及构图

样板制作单详细标注了服装产品款式设计的所有细节，必须具备完整性、准确性、适应性和可操作性，是检验设计师综合能力运用的最直观的方式。在交由生产部门制作打样完成之前需反复核查，尽可能避免出现错误，以此提高工作效率和部门之间的沟通合作。

图2-124 辅料制作说明示例图

图2-125 款式和图案配色示例图

项目练习与实践

1．掌握各种服装板型并熟知各类板型的基本尺寸数据。

2．了解各面料性能并掌握各面料识别方法。

3．通过对不同款式的样板制作工艺的解析，熟练进行各种工艺运用。

4．熟练区分各印花、绣花工艺并进行工艺运用。

5．选择一个系列服装产品款式，用不同的配色方法进行配色训练。

6．根据款式图片，按要求编写该款式样板制作单。

第三章 服装产品设计风格与产品策划方案制订

学习目标

> 本章节以设计岗位具体工作内容和工作流程以及产品开发方案的编写内容和方法为主线，并通过对产品市场定位、市场调研方法和服装风格类型等知识的学习，模拟设计师岗位的具体工作内容，结合大量的示范图片为参考，使学生了解设计师岗位应具备的基本技能和知识，了解不同品牌服装的风格定位、市场需求、产品开发实际操作方法和流程，提高学生市场的对接能力和把控时尚的能力，为后续阶段的产品项目设计奠定良好的基础。

第一节 设计部门基本工作流程

一、产品市场信息采集

（一）市场营销信息的采集及分析

1. 销售情况分析

产品销售情况直接决定了本季度产品推向市场的认可度，是了解和预测市场需求，指导产品后期设计开发、计算安全库存率的最有效的数据，是企业运营成功与否、能否产生利润的重要环节。销售情况分析需要了解的信息数据包含以下：

（1）爆款：在短期内受到消费者喜爱、供不应求、人气很高的款式。

（2）畅销款：在一定时间内销量较多的款式。

（3）滞销款：在一定时间内销量很少、甚至无销量的款。

（4）主推款：在售货周期内主要推广和推销的款式。

（5）形象款：能代表品牌在本季产品主要风格特点的款式。

（6）库存数：在仓库剩余没卖出去的货品。

（7）库销比：库存与销售的比例。

（8）售罄率：上季货品（单品）销售数和总生产数的比例，此比例直接决定款式在市场的销售状态。

（9）销售增长率：本季度与上季度货品（单品）的市场销售增长比。

（10）其他：货品陈列、铺货、补货、调货、追单、调价以及促销方式等的相关信息。

2. 销售商信息分析

了解代理商、分销商、加盟商的销售和运作方式，分析销售地域差异、南北差异、消费者的个性喜好差异等。

3. 竞争品牌商品销售分析及货品结构分析

竞争品牌是指与本企业在同一目标市场争夺同一目标用户群的品牌。了解同类型的竞争品牌销售模式、品牌环境、服务细节、货品结构、可值得借鉴的优势等信息。

（二）市场流行信息的采集和分析

包括流行色、面料、款式信息分析及样板采集和竞争品牌产品款式、面料、色彩的采集及分析。

二、制订产品开发方案

服装产品设计方案是指导设计师进行新一季产品设计方向的重要依据，是在方向性商品企划及流行趋势调研的基础上制订的对于新一季设计主题、色彩、面料、工艺、品类等内容的指导性文件。需要策划团队具备对时尚的把控能力，流行元素的运用能力以及品牌建设、商品预测、消费者需求理解、市场营销、品类体系建立及管理、服装采购及生产流程、价格成本控制、品牌推广等企业运营的方方面面，也涉及多个领域的知识和能力，需要企业职能部门的共同参与、各部门互相关联才有可能做好。

（一）制订产品主题概念

主题概念是产品设计需要表达的内涵和中心概念，围绕一条主线展开，渗透贯穿于整个设计过程中。主题概念是产品设计的基本思路的提炼和概括，是设计师想要表达的设计情怀。通过灵感来源、表达内容、表现形式等解析产品设计的基本思路（图3-1、图3-2）。

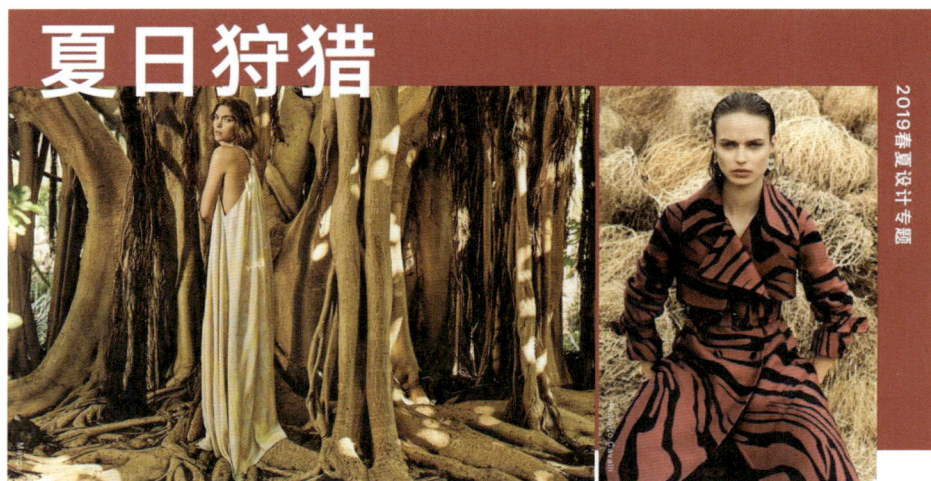

女士：服装　这是阳光假日的终极专题。些微的实用性和盛夏波西米亚风更新了狩猎风主打款

图3-1　产品主题

灵感

高级狩猎专题将冬季游牧主题推入盛夏的热浪中。在灰蒙蒙的沙丘的启发下，浓郁的棕色系、蜂蜜系中性色、焦褐红色诞生。印花营造探险格调；斑马纹、异域兽皮纹、柔和长颈鹿纹都是热门新选择。

图3-2　产品主题概念

主题概念最重要的一个环节是对灵感素材、流行素材的收集。灵感来源包括时尚信息、流行趋势、国内外重大事件、舆论题材、时尚话题、艺术流派、旅行、街拍和各种随机素材。在获取大量的灵感素材后通过思维导图方式对素材进行整理分析，提炼关键信息从中获得主题概念并进行命名。

（二）制订产品色彩方案

产品色彩方案是在产品主题思路中提炼出来同主题内容吻合的，能表达主题概念的色彩组合形式（图3-3）。主要表现产品色彩的主推色、搭配色、基础色、组合方式等，决定了当季产品的整体色彩基调。主推色即产品主要推广的色彩和色系；搭配色即与主推色搭配使用的色彩和色系。

图3-3　产品色彩方案

（三）制订产品面料方案

主要表现产品面料类型、成分、花色、品质等的说明（图3-4）。

图3-4　产品面料方案

（四）制订产品廓型、工艺细节方案

主要对产品系列廓型、工艺细节等进行说明，是服装产品的整体造型与结构特征的设计依据（图3-5、图3-6）。

繁复工装衬衫

采用个性鲜明的繁复细节，如蝙蝠袖或突出肩部的泡泡袖，为流行工装衬衫注入复古感。机能褶裥细节既能控制款式量感，又能增添柔美感。

醒目的蓝色调是释放复古格调的商业化手段，对环境影响较小的酸洗与漂白工艺则适用于前卫风格。采用天丝等面料代替棉布可增加柔软触感。

图3-5　产品细节说明

古着风夹克

Thrifted Jacket

Stella McCartney　　Jordache

Isabel Marant

20世纪80年代风潮与现代化款式完美融合在这款做旧的夹克上。松垮的不合身裁剪采用装饰性包缝缝线打造镶片效果，颇有几分复古气息。

采用夹克的拼接结构以玩转色块效果，或运用雪花洗工艺保留纯正的80年代造型，但注意使用对环境影响较小的水洗技术，如激光、臭氧或酶洗。

图3-6　产品廓型说明

（五）制订产品开发品类框架

对全季度产品开发品类、开发款式以及上市时间的具体规划及详细说明（图3-7）。

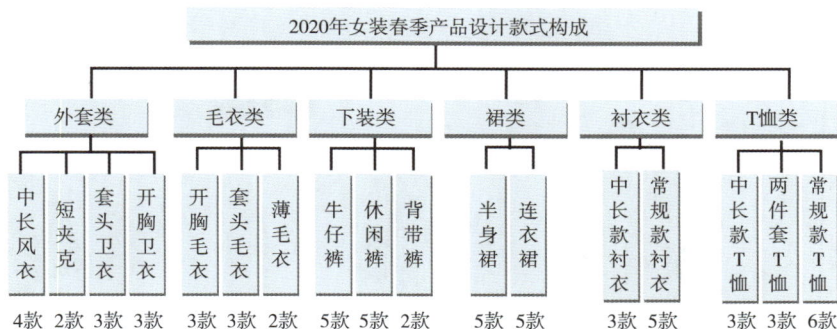

图3-7　产品开发品类框架

（六）制订产品系列方案

以产品主题概念为主线，将开发款式进行产品分类，拓展延伸成若干系列内容（图3-8~图3-11）。

（七）制订产品上货批次、上货波段方案

货品推向市场不是一次性将所有新品铺上店铺，而是根据产品穿着时间、类别、系列品类等分批次上货，可以使店铺始终保持新鲜度和吸引力。合理安排上货时间、顺序和数量，可以有效调动导购工作的积极性和目标消费者购买新货的积极性，有效减少库存。例如，夏季货品可分春夏交替、初夏、盛夏等批次；秋季货品可分初秋、仲秋、深秋等批次上货（图3-12、图3-13）。

游走世界

主题概念
强调传承的跨国创意合作,将传统复古和现代都市相结合,为游牧风格注入新意。在板型和造型上,以波西米亚风格的宽大长袍和斗篷款式进行层次造型,细节上加入高密度刺绣、衔编、装饰性金属配件和系带扣合。
关键词:斗篷款、民间手工艺、流苏、游牧风、现代与复古

图3-8 产品示例方案一

源本生活

主题概念
富有深意且滋养身心的设计是本系列设计的核心,来自家庭、生活、大自然的美学为款式注入灵感。人们离开拥挤的城市,远离气候变化的影响,在多元化中寻求和谐与力量。治愈系触感的材料、提振情绪的色彩、朴实的纹理,将带我们回归自然世界,让人们在任何环境中都可重现熟悉的自然舒适感。
关键词:质朴回归、简约新样式、治愈系、自然随性、层次堆叠

图3-9 产品示例方案二

自由疗愈

主题概念
随着身心疗愈逐渐成为人们关注的焦点，疗愈活动开始渗透到大众生活。在该趋势下，色彩比以往任何时候都更为重要。镇静绿、软木色和宁静灰为主的柔和中性色，彰显纯朴年代的独特气质，营造对从前美好生活的怀念和向往。
关键词：工装机能、结构重构、极简风、中性风

图3-10　产品示例方案三

肆意宣言

主题概念
新的潮流理念往往也孕育着一种新的生活理念，可以巧妙地在户外功能与都市时尚之间取得平衡。这一类新式都市户外穿搭的内核，就是在强大的功能性之余，加入创新独特的设计，不止步于原本刻板无趣的的穿搭套路。
关键词：传统与叛逆、多元素、功能美学、禅意、户外生活

图3-11　产品示例方案四

类别	上货时间						
	连衣裙	大衣	毛衣	裤子	上衣	半裙	总数
	2	4	1	1	1	1	10

图3-12　上货批次方案

季节	波段	上市时间	主题	款数	合计
秋季 FALL	秋一	2018.7.25	A1简.主义	16	66款
			B1原生态	17	
		2018.8.5	A2简.主义	16	
			B2原生态	17	
	秋二	2018.8.20	B3原生态	19	36款
		2018.9.5	A3简.主义	17	
冬季 WINTER	冬一	2018.9.20	C1魔幻仙境	19	52款
			B4原生态	15	
		2018.10.5	C2魔幻仙境	18	
	冬二	2018.10.20	A4简.主义	19	51款
			B5原生态	15	
		2018.11.5	D1浪漫新时尚	17	
	冬三	2018.11.20	A5简.主义	18	57款
			D2浪漫新时尚	17	
		2018.12.5	D3浪漫新时尚	22	
	年货	2018.12.20	D4浪漫新时尚	16	33款
		2019.1.5	B6原生态	17	

图3-13　上货波段方案

（八）协助制订产品搭配陈列方案

由设计师提出指导意见，协助企划部门陈列专员共同完成（图3-14）。

CT城市女人-（艺术之旅 AM）（DEC 10th）

(1)货品陈列

墙面陈列　以牛仔、T恤、毛衫为主展品类。

模特陈列　以牛仔、T恤、皮衣为主展品类。

搭配如图所示的所有配饰。

1.皮衣的扣子需要解开，露出里面T恤的印花。
2.下身搭配牛仔短裙，可根据天气情况增加裤袜穿着。

圈出部分为模特，皮衣搭配印花T恤，下身搭配牛仔短裙，要将皮衣扣子解开，并将袖子挽起，搭配单独销售的包包跨在胸前。

城市女人系列第一个上店的主题故事，艺术之旅。

整体以自然的沙色、粉色为主要颜色，整个墙面以纯度低的颜色来体现柔美的效果，尽量少加黑色。

展桌主推货品陈列

款名：TWO COLOR KNOT
两个颜色，定量为9377件。
将两个颜色全部展示在桌上。

该款毛衫同样定量量很大，但根据细节和款型，不适合陈列在展桌。

挂通主推货品陈列

款名：BRAND BAST TO
T恤搭配皮衣的方式。

图3-14　产品搭配陈列方案

三、产品的设计开发阶段

（一）产品色彩和面料的开发与采购

根据产品开发方案的色彩和面料进行花型图案、品质、成分、纱支等设计并交由供应商打样生产。对于小批量不宜自行打板开发的面辅料通过在相应市场进行采集购置（图3-15、图3-16）。

PANTONE 13-0522TPG

图3-15　产品色彩开发

图3-16　产品面料开发

（二）产品款式和图案设计

产品款式和图案设计是设计师最核心的主体工作，围绕系列主题方案分类别和波段进行设计（图3-17、3-18）。

DISPLAY | 2019S/S

设计灵感：灵感来源于超自然外太空的神秘元素和街头元素的结合。

年龄定位：18~35岁

参考品牌：KENZO、COACH

目标客户：热衷超自然现象和街头艺术的青年。

构架表							
类别	T恤	连帽卫衣	工装夹克	飞行员夹克	休闲裤	超长西装裤	总数
	4	2	1	1	3	1	12

图3-17　产品款式设计

图3-18　产品图案设计

（三）辅料设计

辅料包括装饰唛、装饰徽章、拉链、纽扣、织带、吊卡等，设计师需根据产品系列主题和产品设计需求设计配套的相关辅料，并详细标注辅料的规格尺寸、材料及工艺说明（图3- 19）。

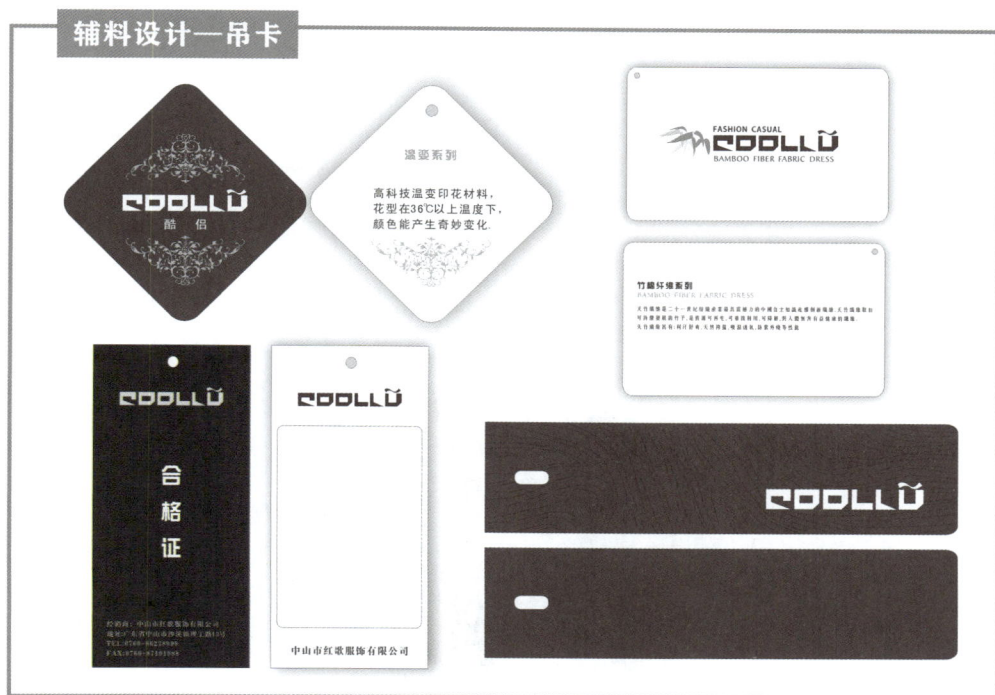

图3-19　辅料设计

（四）服饰配搭品的设计与采购

产品设计需配套相应的服饰配搭品，由设计师或服饰品设计师根据产品系列需求提供设计图稿并交由供应商打样生产，对于小批量不宜自行打板开发的服饰品可以通过在相应市场进行采集购置。

四、产品打样阶段

（一）款式图纸的筛选

设计师按照系列设计的品类架构设计完成相应的款式图稿后，通过设计小组集体讨论提出修改意见后，对于符合要求的款式图样进行分类确认。

（二）头板打样制单的编写

将确认打板的款式图样进行样板制作单的编写。详细标注打样产品板型、尺寸、面料、款式工艺制作说明、印花绣花工艺及花位和尺寸、配色效果及辅料说明。

（三）款式头板打样

设计师完成样板制作单后交由板房打板制作成成衣，设计师需要跟进样板的制作过程，随时提出改进意见。

（四）面料、色样、辅料、服饰配件的打样

设计师完成样相应面料、色样、辅料、服饰配件的设计图稿后交由板房打板制作成成品，设计师需要跟进打板制作过程，随时提出改进意见。

（五）面、辅料样板的采集

对于不能打样生产的面、辅料，设计师需要根据设计要求在面、辅料市场采集以供生产部门需要。

（六）各样板的批板、复板

板房根据设计师提供的样板制作单制作出样板成品后，设计师通过对样板板型、尺寸、工艺制作细节、图案加工工艺和效果、面料效果等方面提出修改意见，填写样板批复单，交由板房对样板进行第二次打样。

（七）齐色板、产前板

按照样板制作单的色彩组合，对于无问题的样板进行一款多色的齐色板制作。对于确认直接生产的样板需制作完整的产前板，以供大货生产指导用（图3-20）。

图3-20　产品齐色板

五、生产准备

（一）款式样板筛选

由设计部门会同销售、商品、企划、生产等各部门和客户代表共同对下一季产品进行整合筛选，根据产品设计主题、系列、上货波段、生产周期、预测爆款等需求筛选出最有可能被市场接受、畅销的款式作为订货会主推产品。

（二）招商订货会

通过召开招商订货会，让经销商提前挑选预定和下单相应货品，服装产品订货会常用的方式有静态陈列和动态服装发布会（图3-21）。

图3-21　产品招商发布会

（三）确定产品生产数量、批次等

通过订货会收集货品下单数量，整合自营销售的生产数量，确定产品生产数量、生产批次。

（四）编写产品生产制作单

根据生产的数量及类别编写产品大货生产单，产品大货生产单是具体指导大货生产的，故对于生产数量、尺码、工艺细节、物料、包装等做出详细说明，有别于样板制作单。

六、产品形象包装

产品形象包装包括拍摄形象宣传画册和宣传广告、货品的陈列搭配方案协助产品策划部门完成产品的陈列搭配工作、产品宣传推广（协助产品策划部门完成产品的宣传推广工作）（图3-22、图3-23）。

图3-22　广告拍摄

图3-23　货品陈列搭配

第二节　服装产品市场调研

服装市场调研是指通过有目的的对一系列有关服装设计生产和营销的资料、情报、信息的收集、整理和分析来了解现有市场的动向，预测潜在市场，以帮助企业人员了解市场需求制订有效的产品设计开发、生产和营销决策的重要方式，从而达到进入服装市场、占有市场并实现预期的目的。

一、市场调研内容

（一）市场流行信息

流行信息是指导设计部门进行产品设计开发的重要依据。流行信息包含对服装市场流行色、流行面料、流行工艺、流行款型的收集和整理。

（二）产品结构

产品结构包含上货节奏、品类结构、颜色结构和货品数量及批次等，是决定企业运作和商品规划合理性的重要指标。需要对调研品牌产品品类、价格、颜色系统、上货批次节点、橱窗及货品陈列方式等信息进行收集整理。

（三）竞争对手分析

竞争品牌是指与本企业在同一目标市场争夺同一目标用户群的品牌。需详细对同类型的竞争品牌销售模式、品牌环境、服务细节、货品结构、品类、价格、陈列、市场占有率、品牌优势和消费者认可度等信息进行采集和分析。

（四）市场需求

对于企业来说，消费需求量、消费结构和消费者行为是品牌市场定位和设计生产过程需参考的重要依据。市场需求调研主要是对服装市场产品的供需状况、畅销款、滞销款、消费者需求、运营模式等信息的采集和分析。

（五）环境调研

企业的生产、经营活动脱离不了所处的社会环境。其中包括政治环境、经济环境、文化环境、区域和产业发展、气候因素和地理环境，这些因素往往是企业自身难以驾驭和影响的，只有在了解的基础上去适应，并将其为我所用，才能取得经营的成功。

（六）消费群体情况调研分析

消费群体的喜好能够为品牌产品风格和市场需求提供明确的方向，从而减少产品设计开发的盲目性和降低经营风险。消费群体调研主要从品牌消费者个性喜好、消费观念、消费习惯、需求欲望、购买动机和消费者南北地域差异等信息进行采集和分析。

二、市场调研的基本要求

市场调研是设计部门包括企业运营决策部门经常开展的一项基础性的工作，在开展市场调研过程中必须遵循以下原则。

（一）客观性

资料的准确性是市场调研的核心，因为只有掌握客观的真实情况，才能做出正确有效的决策。因此在进行市场调研中，始终要遵循实事求是的态度，客观如实地反映市场情况，不允许带有任何主观意愿和偏见，做到调查资料的准确可靠。

（二）及时性

服装产业是一个时尚产业，服装市场瞬息万变，所以更加注重信息的时效性。企业必须及时、随时进行市场调研，获取相关市场信息，做出快速反应，否则就有可能造成产品滞销，资金回笼困难，给企业带来严重的经济损失。

（三）针对性

服装市场调研涉及的内容广泛，这就要求调研人员根据预定目标进行有针对性地调查，有方向地快速深入解决各项问题。

（四）计划性

市场调研是一项复杂而细致的工作，涉及面广，工作量大，前期必须进行详细周全的计划，围绕主题、突出重点、分清主次、按部就班开展实施。

（五）系统性

对市场调研所获取的信息资料要加以整理归纳，做到条理化、系统化，并对市场情况做出比较全面的判断。对于调查的结果要及时落实及转化实施，避免企业错失良机，造成不必要的损失。

（六）持续性

持续有效地开展市场调研是企业对市场变化进行深入研究、分析和预测的保障。要合理将每次调查的结果进行整理归档，建立完善的市场信息系统和资料库，为后续的工作提供持续性的资料来源。

三、市场调研的重要性

（1）有助于吸收国内外最潮流、最符合市场需求的时尚信息和供需信息。掌握最先进的技术、手段和方法以及管理经验，改进品牌的工艺技术，提高设计和管理水平。

（2）有利于了解店铺位置的优劣及销售能力、及时了解顾客的需求喜好，准确地进行市场定位，更好地满足不同消费人群的需求，增强品牌竞争力。

（3）有利于为企业的决策和调整策略提供客观依据；有利于企业建立和完善市场营销信息系统，改善经营管理，发现市场机会，开拓新市场，提高企业的经营利润。

（4）有利于掌握竞争对手的销售和运营信息，增强企业持续发展能力。大部分市场业绩良好的服装品牌都会是其他服装品牌悄悄瞄准的目标品牌，前者什么产品好销，销量是多少，后者通过市场调研一目了然，并且据此调整产品结构甚至经营手段，努力使自己的产品得到更大的市场席位。

四、市场调研的方式

（一）书籍文献调查

书籍文献调研是通过书籍文献等资料收集现有的各种信息、情报资料。可以通过收集企业内部简报、销售报表、调研报告、顾客意见等获取有用信息，也可以通过相关的书籍杂志、权威研究机构、各种服饰博览会、学术交流会及互联网获取更为高端的信息资料。用这种方法获得二手资料，节省人力、物力，避免重复劳动。

（二）实地调查

通过对服装店铺、购物场所等的实地考察，利用符号、文字、图画、记忆及摄影、拍照等机械手段记录被调查对象的实际情况，这是服装设计工作者常用到的一种调研方法。

（三）网络信息收集调查

通过网络平台，访问相关的流行资讯和品牌门户的网站或APP等收集服装品牌及行业产业最新时尚信息和各种关联信息，这也是时下最为普及、简单和运用最为广泛的一种信息收集方式。

（四）相关人士访谈及座谈

由调研人员设计好问题，通过对相关人士的专项访问谈话或回答的一种调研方法，根据具体形式不同还包括访问调查（口头提问回答）和问卷调查（书面提问回答）等。

五、市场调研的流程

（一）确定市场调研的任务和目标

在开始调研之前，调研人员必须明确调研的目的是什么，也就是先要提出问题，才能确定调查的对象、范围、方法等内容。例如，某一品牌女装为开发下一季新装做市场调研，包括下一季女装色彩、面料、款式等流行趋势、当季产品销售地区市场情况、本品牌服装本季吸引消费者的要素、目标品牌所推出的下季服装趋势等。

（二）制订市场调研计划和实施方案

制订完善的调研实施方案是最有效实现目标的基础。具体包括调查对象、调查内容、调查方法、调查时间、调查地点、资料收集整理方法等。调查方法可以采用问询法、观察法和网络调查法等；调查地点要选择具有代表性、目标顾客相对集中的地点；调查时间可以多次分不同场所进行，避免调研结果的片面性和局限性。

（三）执行市场调研的过程

按照制订的调研方案开始执行调研过程。在调研的过程中，要始终遵循实事求是的态度，通过良好的沟通与应变能力，严谨细致地开展市场调研。

（四）调查资料整理和分析

对调研获得的资料进行编辑整理，首先需要确保资料真实准确后才能进行分类整理和统计。运用调查所得的数据和情况，分析、归纳并得到结论。例如，设计师通过实地考察和网络调查获得下季女装的流行趋势，再对比目标品牌的下季服装特点以及本品牌服装的一贯风格，从而获得结论，确定本品牌应该利用哪部分流行趋势进行下季产品开发。

（五）撰写调研报告

撰写调研报告是市场调研的最终结果，也是下一步工作的依据。一个完整的市场调研报告格式由题目、目录、概要、正文、结论和建议等组成。调研报告要求中心突出，结构严密，材料与观点一致，并且调研报告可以详细解答调研任务中提出的问题从而实现调研目标。

第三节　服装产品市场定位

产品市场定位是指根据竞争者现有产品在市场上所处的位置，针对消费者或用户对该种产品的某种特征、属性和核心利益的重视程度，强有力地塑造出该产品与众不同的、给人印象深刻、鲜明的个性或形象，并通过一套特定的市场营销组合把这种形象迅速、准确而又生动地传递给顾客，从而使该产品在市场上确定适当的位置。包括产品风格、产品价格、目标消费群、产品销售模式等内容。

一、产品风格定位

产品风格定位是解决"卖什么"的问题，产品风格是消费者对产品最直观的印象。产品定位涉及产品质量、风格特点、品类、价格、包装、服务、产品周期、个性差异、独特性、精神内涵等一系列内容，是品牌的灵魂所在。

（一）产品类别

产品类别可分为职业装、休闲装、时装、运动装、家居服等。职业装代表品牌有宝姿、庄吉、雅戈尔、培罗蒙；休闲装代表品牌有李维斯、美特斯·邦威、森马；时装代表品牌有古驰、ZARA、欧时力、卡宾；运动装代表品牌有耐克、阿迪达斯、李宁、361°；家居服代表品牌有黛安芬、三枪、宜而爽、康妮雅。

（二）产品风格

不同品牌都有清晰的产品风格和个性特点，以此来吸引消费者的关注并购买。例如，茵曼（INMAN），"棉麻艺术家"的原创互联网品牌（图3-24）；ZAZR，多款式、小批量的都市快时尚；淑女屋，诠释浪漫唯美公主情怀（图3-25）；李维斯，时尚牛仔系列（图3-26）；韩都衣舍，韩系潮流（图3-27）；衣本色，随性百搭的时尚休闲装。

二、产品价格定位

价格定位是解决"卖多少"的问题，按产品定价高低区分。服装价格主要由服装出厂价格和商品附加价格构成。

服装出厂价格构成是服装生产企业出售服装产品的最基础的成本价格，其构成内容主要包括服装生产企业的各种制造成本、相关费用以及工业利润，其中制造成本和费用的计算依据主要来源是企业的财务成本。

服装的商业价格构成是指服装商业企业销售服装商品的价格，包括批发价格和零售价

图3-24　茵曼

图3-25　淑女屋

图3-26　李维斯

图3-27　韩都衣舍

格。服装商业价格的构成要素主要包括：进价成本、经营费用、管理费用、财务费用、商业利润、税金和品牌的附加值。

品牌附加值是超过生产销售成本的价值增加的价值，是品牌通过各种方式在产品有形价值上附加的无形资产，是由品牌定位、智力劳动、服务质量、品牌知名度和赋予消费者的精神享受等因素构成。

高端国际奢侈品牌代表有巴宝莉、香奈儿、古驰、迪奥等，价格区域为基础单品多在5000元以上（图3-28）。

图3-28　Dior

　　中端成熟、中高档品牌代表有欧时力、哥弟、歌力思等，价格区域为基础产品500~5000元或以上（图3-29）。

　　中低档品牌代表有以纯、真维斯、美特斯·邦威、森马等，价格区域为500元以下（图3-30）。

图3-29　歌力思

图3-30　真维斯

三、目标消费群分析

在服装品牌定位中，消费者群体定位也被称为目标定位，是服装企业根据自身的性质、特点、技术等方面的资源配置，把产品以及服务精准地定位于某一个特定群体，可以说目标消费群体是品牌定位的关键所在，是解决产品"卖给谁"的问题。

目前中国的服装消费者是数量巨大的群体。面对激烈的市场竞争环境，吸引更多的消费者是所有品牌最为关注的因素之一。对于现代企业而言，其所有的产品开发和营销活动都应当是以消费者需求为基础来进行的，消费者的购买行为受收入水平、地理区域以及社会发展水平等客观条件的影响，并与个体的年龄层次、教育程度、消费目的等因素密切相关。

消费人群定位的原则包含以下几种：

（一）基本因素定位

消费人群基本因素包括年龄、性别、教育水平、收入等。

1. 年龄

不同年龄段的消费者，由于生理、性格、爱好的不同，对消费品的需求往往存在很大的差异。目标人群按照年龄可划分为母婴市场、儿童市场、青少年市场、中老年市场、老年市场等。

2. 性别

根据性别可分为男装和女装。而在购买行为和购买动机等方面，男女之间也有很大的差异。

3. 收入

收入的高低直接影响消费者的需求欲望和支出比例，主要表现为购买价格的区分和消费场所的区分。在选择同一类商品时，高收入群体更有可能选择高价位的产品，同时高收入群体在大型商超或品牌专卖店等场所消费的比率也更大。

4. 教育水平

受教育程度不同的消费者，在生活方式、文化素养、价值观念等方面都会有很大差别，这会直接影响他们的购买行为和购买习惯。

（二）个性差异、生活习惯

生活方式是人们的生活观、消费观、传播观等方式的体现，也可以是人们通过某一目标来安排生活的模式。"自媒体时代"的"80后""90后"是网络消费的中间力量，对于时尚、个性、预购等需求明显高于其他年龄段；银发一族是超市消费的主力人群；商务人士兴起享受过程、注重户外体验的"慢生活"潮流；快节奏的都市生活状态衍生出"方便消费"；提倡精致生活、善待自己的高端女性消费观。目标人群的消费是一种需求性的消费，是一种生活方式和价值方式的表达，而这也就成了品牌方面最好的卖点。

（三）心理因素特征

1. 性格特点

性格不同的消费者需求也不相同，性格可以是内向的、外向的、乐观的、悲观的、保守的、激进的等。消费人群的心理因素也是目标人群定位需要考虑的重要元素。性格外向、容易冲动的消费者往往喜欢表现自己，因而他们喜欢购买能表现自己个性的产品；性格内向、保守的消费者则喜欢大众化，往往购买比较朴实保守的产品。

2. 消费观念

消费观念是人们进行购买活动与消费活动的指导思想和态度，是人们价值观的重要组成部分。消费人群的消费观念和消费习惯决定了对品牌的忠诚程度。就品牌企业而言，研究消费者的消费观念，对于准确定位品牌，开发适销对路的产品，促进产品销售具有非常重要的意义。消费观念主要有实用型、节俭型、个性化、炫耀型等典型形式。

（四）行为因素定位

1. 购买时间

许多产品的消费具有时间性，烟花爆竹的消费主要在春节期间，月饼的消费主要在中秋节以前，旅游点在旅游旺季生意最兴隆。因此，服装企业也可以根据产品的购买时间，在适当的时候加大促销力度，采取优惠价格。以促进产品的销售。例如，每一季新货上市期间加大宣传力度，更新门店陈列和布局以吸引消费者进入，在节假日进行优惠促销，以吸引消费者购买等。

2. 消费频率

消费频率大多对应用户对商品的消耗速度，如果确定了用户的消耗速度，就可以制订出更合理的营销频率。而不同人群对于同类商品的消耗速度也是有明显区分的，如冬季服装更换与夏季服装更换的区别、男装消费频率与女装消费频率的区别等。

（五）地域因素定位

地域因素包括地理位置、地理环境等，处在不同地理位置和地理环境下的消费者，在消费需求方向会有诸多区别，即使对于同一类产品也可能会有不同的需要和喜好。地域生活差异带来了生活习惯、消费观念上的差距。各个区域的服装都有自己鲜明的地域特色、穿着习惯和文化气息，也能反映各区域的消费取向。

　　杭派服装凭借着杭州的文化底蕴和地理优势，着装方式具有浓郁的江南文化气息，精致婉约，产品多以棉麻丝等天然材质为主，价格偏高。粤派服装以广州为代表，由于临近港澳地区，潮流变化快，时尚感较强，款式简洁但变化丰富，价格适中。汉派服装以武汉为核心，稳重合体，以色艳、款正、休闲为主流风格，价格适中。京派服装以北京为核心，服装风格正统稳重，裁剪合体、做工细腻、面料考究，文化底蕴较强烈，价格较高。海（沪）派服装以上海为代表，讲究俏丽华贵而不失端庄大气，价格较高。温派服装工艺制作精良，与国际流行同步，以正统职业男装和休闲装为代表，享有较高知名度。

（六）品牌的需求效应

　　需求效应是品牌能给消费者带来的情感需求和品牌忠诚度，使用品牌产品可以满足不同消费人群物质和文化生活的需求。品牌的品质、市场占有率和知名度、时尚新颖度、优质的售后服务等都能给消费者带来愉悦的消费体验。品牌的竞争优势、附加值、发展潜力和独特的文化内涵也是让消费者认同和信赖的重要内容。品牌需求包括品牌实用需求、品牌价位需求、品牌个性需求以及品牌"炫耀"需求等。品牌消费代表了消费群体的情感利益需求和精神寄托。

四、产品销售定位

　　产品营销定位是解决"怎样卖"的问题，是产品用最佳的方式到达消费者手中并让消费者认同的过程。

（一）销售模式

　　线下销售包括零售、批发、代理、特许加盟、直营、团购、传销、电话等。

　　线上销售包括B2B（企业对企业）、B2C（企业对消费者）、C2C（个人对消费者）、O2O（线上线下结合的销售模式）。

（二）销售区域

　　一线市场包括各直辖市、省会城市，一般为经济发达城市；二线市场包括各大中地级城市，一般为经济发达地区的县级市；三线市场包括县级市，一般为经济欠发达区域。产品销售区域的选择还需要综合考虑南北地域气候、经济发达情况等。

（三）销售终端

　　销售终端是服装产品在销售渠道过程中，直接针对消费者的卖场，是营销渠道的最前线。服装销售终端根据品牌的定位主要可选择大型商场（百货公司）、购物中心、专卖店、超市专柜、临街地铺或专营店、服装大卖场、超市或折扣店、服装批发市场等。

　　大型百货商场、购物中心多以店中店形式开设，有良好的购物环境、齐全的商品品类、良好的服务设施、舒适的购物体验，是服装渠道终端中占据优势位置的场所。

　　服装专卖店是由服装企业或代理商在各个销售区域建立的专门销售某品牌的专业卖场。其特点是统一品牌管理、统一形象装修、统一经营模式、统一货品配送。

　　临街地铺或专营店指店铺直接开设在人流密集的商业街、步行街或繁华街道沿街铺面内，选址和店铺形象打造是吸引消费者的重要因素。

　　服装批发市场是产品最快速高效进行销售的场所，不仅面对批发商、代理商，销售也可以直接针对消费者。

　　超市或折扣店通常货品齐全、种类繁多、客流较大、价格实惠。

第四节　服装产品风格类型

　　服装风格是品牌的灵魂，是服装区别于其他品牌，向消费者展现具有独特个性和标志性的主观印象，是一个时代、一个流派、一个群体的服装在形式和内容上表现出来的内在品质、艺术特点和价值取向。全面了解服装的风格类型能指导设计师有方向性和针对性地开展相关产品类型的设计。

（一）美式休闲

　　来源于欧美等西方国家的穿衣风格，服装款式简约大方、休闲随意，面料选用单纯，颜色以中性色、黑白色为主调，服装尺码较大（图3-31）。

图3-31　美式休闲

（二）韩风

　　现代时尚的穿衣风格，设计简洁、色彩甜美、质感松软、混搭式的穿衣风格（图3-32）。

（三）淑女风

　　能体现女性温婉、优雅、甜美的气质，多运用粉色、蕾丝、皱褶等元素来凸显柔美淑女风格（图3-33）。

（四）瑞丽风

　　由于瑞丽杂志里面的衣服搭配特别好，而且以打造甜美优雅的形象为主，深受女生们

图3-32　韩风

图3-33　淑女风

喜爱，模仿瑞丽穿衣方式的风格被称为"瑞丽风格"，其实也就是甜美可爱型穿衣风格（图
3-34）。

（五）通勤风

通勤风指都市时尚白领的半休闲主义穿衣风格，区别于休闲装的随意和职业装的严谨，
能体现时尚白领温和干练、精致清爽的形象气质（图3-35）。

图3-34　瑞丽风

图3-35　通勤风

（六）嘻哈风

泛指一类流行文化，包括rap、街舞、涂鸦艺术等流行时尚。例如，宽松的上衣和裤子搭配帽子、头巾或大大的鞋子。嘻哈风格更多表现的是美国的潮流文化、年轻人的街头文化，重视衣服上的涂鸦和金属饰品的装饰（图3-36）。

图3-36　嘻哈风

（七）潮牌

一般指原创品牌，张扬独特的个性和思维方式以及另类的穿衣风格和不羁的生活方式。例如，日式原宿的街头文化、不对称重叠式创新裁剪，具有鲜明的前卫另类风格和日式着装风格（图3-37）。

图3-37　潮牌

（八）学院风

这里指的是简单而又充满理性的学院派风格，走青春学生的路线。例如，格子短裙配衬衫或衬衫外套背心等。代表单品有：条纹衫、白衬衫、藏青裙、格子裙、背带裙、POLO衫、领带、制服等（图3-38）。

图3-38 学院风

（九）英伦风

英伦风是英国皇家复古风格，源自英国维多利亚时期，主要是以传统、优雅、含蓄、绅士、高贵、稳重为特点。最有代表性的是苏格兰格子和蓝红颜色的搭配以及徽章、双排扣等元素的运用，体现了绅士风度和贵族气质，带有欧洲学院风的味道（图3-39）。

图3-39 英伦风

（十）波西米亚风

文化学者把它定义是嬉皮与雅皮的杂交品种，代表流浪、自由、放荡不羁、颓废等，保留了某种游牧民族特色的风格，通过丰富的色彩和多变的装饰手段、流苏、涂鸦的运用带来视觉上的冲击和神秘气氛，其代表特征是层层叠叠的花边、无领袒肩的宽松上衣、大朵的印花、手工的花边和细绳结、皮质的流苏、纷乱的珠串装饰，或运用撞色取得效果，如宝蓝与金啡，中灰与粉红等（图3-40）。

图3-40　波西米亚风

（十一）田园风

回归自然，追求纯朴、原始、自然的穿衣风格。通过宽松的款式设计、天然的材质、朴素简单的色彩，表现一种轻松、恬淡的生活情趣。选用纯棉质地、小碎花或小方格和条纹等装饰，都是田园风格的常用元素（图3-41）。

图3-41　田园风

（十二）国风

建立在中国传统文化的基础上，蕴含了大量中国元素并融合了时尚元素的体现，主要穿着形式有旗袍、现代汉服、禅服等。特别是禅服是近几年非常推崇的新时尚，是中国文化的象征，禅服的设计融合了汉服和道教服装的元素，追求简朴、舒适，材质选择上以纯天然棉麻面料为主（图3-42）。

图3-42　国风

（十三）国潮

相对于美潮、日潮，国潮是近几年在中国年轻人群体中涌现出的体现中国元素的潮流着装方式，结合了滑板元素、摇滚音乐、中国汉字、传统图案及纹样等，偏向街头风格的宽大的衣着形式，通过不断地对中国潮流文化进行开拓与发展，让世界看到中国年轻人的态度和想法。"国潮"现已成为年轻一代国人的宠儿（图3-43）。

图3-43　国潮

（十四）小清新文艺风

在中国风元素下衍生出的一种表达知识层次和个人境界的风格，以回归自然、宽松舒适的具有青春气息的款式，配合棉、麻、毛等天然材料为主（图3-44）。

图3-44　小清新文艺风

（十五）中性风

介于男性和女性之间的风格，指男女都可以穿着的服装，也可指女装男性化、男装女性化，性别不是设计师考虑的主要因素。常见的款式有T恤、牛仔装、宽松外套等，颜色多以黑、白、灰等中性色为主（图3-45）。

图3-45　中性风

（十六）军旅风

英姿飒爽、硬朗的军装风格是军旅风鲜明的服装风格。迷彩、丛林、徽章、多口袋装饰等都是军旅风服装的显著风格特色（图3-46）。

图3-46　军旅风格

（十七）民族风

日常穿着的改良民族服装和包含民族元素的服装。常用民族绣花、蓝印花、蜡染、扎染等具有民族风格和特征的元素或形式来表现，面料一般为棉麻，款式上具有民族特征或者在细节上带有民族风格，也包括其他国家的一些民族服饰（图3-47）。

图3-47　民族风格

项目练习与实践

1．了解及熟悉服装设计部门的工作流程和具体内容。

2．选择一成熟服装品牌，通过进行市场调研，撰写该品牌的市场调研报告。

3．选定一风格服装品牌进行下一季度产品策划方案的编写。

4．进行市场调研，收集10个品牌的本季度产品图片，分别说明这些品牌的产品定位及产品风格特点。

第四章　各类型服装产品设计

学习目标

　　本章以不同类型风格的服装产品设计方法为重点，详细介绍了童装、休闲装、时装、运动装、职业装等类型服装产品的特点、风格和设计方法，并通过对不同类型风格的市场知名品牌的案例分析，让学生掌握不同类型风格的产品设计的方法和要点，并能根据设计项目的要求，以市场为导向，遵循实用、美观和时尚的原则设计出符合市场需求的产品，提高学生市场的对接能力和把控时尚的能力。

第一节　童装产品设计

一、童装的概念

　　童装是指未成年人的服装，包括从婴儿、幼儿、学龄儿童至中大童和少年等各阶段年龄的着装，童装是以儿童时期各年龄段的孩子为对象所穿着服装的总称。

二、童装的分类

（一）按年龄分类

1. 婴儿装

　　1周岁前为婴儿期。其身体结构的特点为头大、颈短，头高与身长的比例约为1：4，腿短且向内呈弧状弯曲，因而几乎没有胸、腰、臀围度上的区别。这个时期的婴儿运动技能发展虽有个体差异，却是有序的，并逐渐学会滚、坐、爬、扶着迈步和独立行走。

2. 幼儿装

　　1周岁到3周岁为幼儿期。幼儿期的特点是喜欢活动，喜欢走路、讲话，会模仿大人的动作，开始有自己的各种要求。

3. 小童装

　　指4~6周岁的儿童，又称学龄前儿童。胸围、腰围、臀围基本相等，肩部开始发育，下半身长得比较快，身材约5~6个头长。这时他们开始学唱一些简单的歌舞，以及做各种游戏，同时还能做些简易的劳动；他们热爱大自然，并有了一定的接受知识的能力和理解力。

4. 中大童装

指7～12周岁的小学阶段的儿童。这个阶段儿童体型渐趋稳定，凸肚消失，腰身外露，身体变得匀称起来。男、女童的体型已有明显差异。头与身长之比为1∶6～1∶6.5。

5. 少年服装

是指13～16周岁的少年。此时的少年其体型继续发生变化，身体迅速长高，男、女童的体型已经发育完善，腰线、肩线和臀位线已明显可辨，身体比例逐渐接近于成年人。女童的胸、腰、臀三围尺寸变化大；男童的肩部变宽，肌肉明显起来。

（二）按款式分类

按照款式类别可分为T恤、连衣裙、外套、裤子、裙子、内衣、卫衣、毛衣、衬衣、服饰品等。

（三）按产品功能分类

可分为休闲装、运动装、舞台表演装、校园装等类型。

三、童装的设计方法

（一）各时期童装的设计要点

童装是根据儿童的不同年龄段、不同体型、不同性格以及服装穿用的不同场合、不同季节等特点进行设计的。儿童在各个不同发育时期的体型都有其特点，神态、性格也各有区别，这些都是进行童装造型设计和色彩搭配时所要考虑的因素。

1. 婴儿装

婴儿装要便于穿脱，主要的造型特点是以系带为主的抱合式门襟，款式宽松、面料舒适，一般袖子肥大，不分性别（图4-1）。设计时要注意舒适性、安全性、实用性；面料要

图4-1　婴儿装

吸汗、柔软、有弹性，宜选用棉、丝、麻等天然面料以及针织或平纹机织面料；使用纯天然材质的面料和植物染料，颜色宜浅不宜深，细节和辅料运用注意安全性，避免金属纽扣、拉链的使用，以防吞食和划伤婴儿皮肤；款式可采取连体式、包裹式、系带式设计，方便穿脱，尺寸宜大不宜小，柔软易洗，并充分考虑款式上的功能性和可调节性。

2. 幼儿装

幼儿装应着重于轮廓造型。轮廓以正方形、长方形、A字形为宜。例如，女幼童的外套、连衣裙宜从胸部向下展开，自然地覆盖凸出的腹部，有利于幼儿的活动。在图案运用上讲究构图简单，线条清晰，色块明亮，可使用卡通漫画类素材，达到启迪智慧、陶冶情操、培养健康情趣的目的。幼儿的服装购买几乎完全依赖父母的决策，故在设计上也需结合父母的需求喜好（图4-2）。

图4-2　幼儿装

3. 小童装

为适应小童的生长需要，款式造型应以宽松休闲为主，腰部不宜太紧。小童生活一般能够自理，在结构设计上需充分考虑穿脱方便和不要影响孩子的游戏与运动，袖口、裤口尺寸不宜过大。颜色运用以明快的鹅黄、天蓝、湖绿、粉红、纯白为主。小童的服装以协调、美观、增强知识性为主，能对他们进行美的启发和引导，逐渐形成儿童的审美意识和审美能力（图4-3）。

图4-3 小童装

4. 中大童装

中大童主要是小学阶段，款式造型设计要强调活泼、健康、大方，不能过于华丽，要符合儿童的年龄、气质，工艺要简练，图案不宜太幼稚，面料要牢固耐磨。男童设计适宜用宽松或半紧身式造型，颜色可偏暗，以适应户外活动；面料要结实、耐磨、易洗、易干。女童装可采用半紧身式造型、腰部收省，或直身式造型。设计时还应考虑到服装的配搭性（图4-4）。

图4-4 中大童服装

5. **少年装**

随着人们生活水平的不断提高，少年的身高已经基本或完全接近成年人，他们已经具备了独立思考的能力和形成了自己的兴趣爱好，设计时可参考成年人的设计方法进行。面料以棉织物为主，要求质轻、结实、耐洗、不褪色。装饰手法和图案工艺多采用符合市场流行的时尚元素。

少女装可以设计成高腰、低腰、中腰，即梯形、长方形、X形等近似成人的轮廓造型，能体现少女活泼可爱的青春气息。少男装因这一群体的业余爱好和户外活动较多，设计上需考虑宽松、穿脱自如、便于活动的特点，款式应大方、简洁。通常由T恤、衬衫同休闲长裤、短裤组合而成，以利于日常运动（图4-5）。

图4-5 少年装

（二）款式设计

1. **外轮廓设计**

根据不同年龄段的不同体型特点和发育特点，选择和运用不同的廓型是童装设计最重要的要素。不同的廓型带来不同的视觉效果、穿脱体验及功能特点。

（1）O型：婴幼儿设计时常用的廓型（图4-6）。

（2）A型：是女童装设计运用最多的廓型，包括下摆放大的连衣服、短裙、背带裙等（图4-7）。

（3）H型：宽松的直筒廓型，是童装运用最为广泛的形式，有衬衣、T恤、外套、背带裤等（图4-8）。

图4-6　O型　　　　　　　图4-7　A型　　　　　　　图4-8　H型

2．点的运用

通过点状图案、造型、立体装饰等来进行的款式设计（图4-9）。

图4-9　点的运用

3．线和面的运用

通过条纹线、结构线、分割线以及分割线和配色产生的块面来进行款式的设计（图4-10）。

图4-10 线和面的运用

4. 装饰工艺的运用

通过运用图案、皱褶、蕾丝、花边、饰物、珠片等装饰工艺来进行点缀强调的设计方式（图4-11）。

图4-11 装饰工艺的运用

（三）色彩设计

1. 色彩搭配

（1）相似色组合：是色相、明度、纯度对比度较弱的一种色彩搭配形式，能够营造温馨和谐、统一的色彩视觉，含同类色、邻近的、近似色的搭配，是童装色彩中常用的色彩组合形式，如粉红配玫红、粉蓝配天蓝、杏色配土黄等（图4-12）。

图4-12　相似色组合

（2）对比色组合的设计：能产生可爱动感、时尚跳跃的视觉效果，合理运用色彩对比组合能让小朋友充满活力和自信（图4-13）。

图4-13　对比色组合

（3）色调变化的设计：色彩的浓淡、深浅、层次搭配能使服装呈现冷暖、轻重、厚薄、柔和或坚硬、华丽或朴素、兴奋或沉静等视觉效果（图4-14）。

图4-14　色调变化

2. 整体色彩

色彩的整体搭配能够营造出甜美、喜庆、田园、海洋、森林、英伦、街头等的意境（图4-15、图4-16）。

图4-15　色彩的喜庆意境

图4-16　色彩的甜美意境

（四）装饰手法运用

不同装饰工艺的合理运用往往能给服装带来与众不同的视觉效果，在童装设计过程中，要根据产品风格和设计主题来选择合适的装饰方法。常用的装饰手法有：手工艺装饰、绣花、拼贴、印花、烫贴、坠饰、立体化装饰等，这些装饰手法可以单独使用也可以综合运用，使服装更丰富多彩。

1. 手工艺装饰

将小饰物通过手工工艺添加在指定部位，以此增加服装装饰效果（图4-17）。

图4-17　手工艺装饰

2．绣花

有手工刺绣和计算机绣两种类型，刺绣针法灵活多变，是服装上常用的装饰方式（图4-18）。

图4-18　绣花

3．拼贴

将不同材质的面料、饰物通过拼接、贴合等方式固定在一起的装饰手法（图4-19）。

图4-19　拼贴

4．印花

运用各种效果的网版印花和数码进行装饰，也可以同其他装饰工艺结合运用（图4-20）。

图4-20　印花

5. 烫贴

通过将不同形状、材质的烫片、珠片、宝石、PU等高温印烫在服装上的方式，产生饱满的装饰效果（图4-21）。

图4-21　烫贴

6. 坠饰

将绳线、装饰带、管状珠、人造宝石、闪光珠片等装饰物通过绣、缝、贴等工艺装饰在服装上，形成丰富独特的、有层次感的装饰效果（图4-22）。

图4-22　坠饰

7. 立体花装饰

将面料、花边、缎带等做成花朵的形状后通过缝、贴、粘等形式添加在服装上以此增加装饰趣味和吸引力（图4-23）。

图4-23　立体花装饰

（五）趣味化设计

在童装设计中，合理运用趣味感的装饰点缀是营造童趣不可缺少的手段。趣味化元素运用是童装设计过程中一个非常重要的手段，通过趣味化的廓型设计、色彩设计、装饰工艺设计和图案设计，进行创意呈现，能让人感受到儿童的稚趣，提升购买欲望。

1. 主题性设计

可以通过图案的设计设定一个主题概念，从主题概念中提取相关元素，通过创新趣味化的转化，设计提炼出吻合主题概念的趣味图案，使之能灵活搭配、打散重组运用到装饰的各个方面，从而丰富主题概念的整体表现。例如，将植物花卉进行提炼，通过形状、色彩和新颖的构图形式形成花卉主题的趣味图案（图4-24）。

图4-24　主题性设计

2. 夸张手法的运用

夸张手法是针对原有图案进行夸张变化，使物体特征更加鲜明突出，创造出符合视觉美感的、夸张而又不失童真的新形象。例如，通过对恐龙或鲨鱼眼睛、嘴巴、表情等的夸张处理，赋予其丰富的情感，让恐龙或鲨鱼的形象更加饱满、生动而有趣（图4-25）。

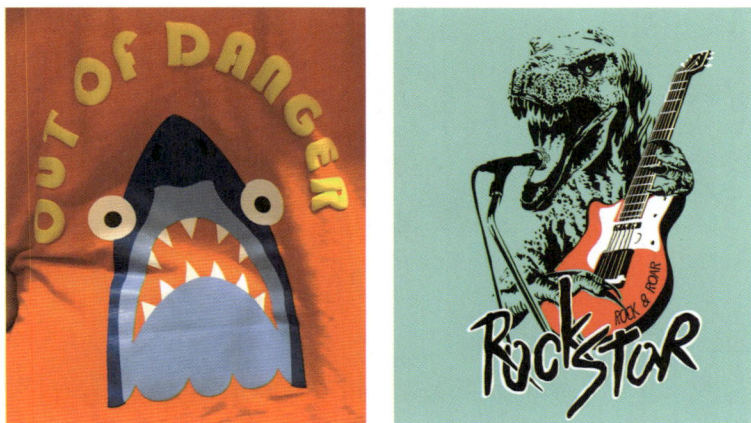

图4-25　夸张手法的运用

3．拟人化设计

在图案或造型设计过程中把各种事物进行拟人化的设计，使设计的物象更贴近人的特征。例如，赋予动物、植物喜乐哀怒的表情；为动物、植物穿上衣服；模仿人的行为等（图4-26）。

图4-26　拟人化设计

4．情景化设计

情景化设计即赋予图案一个场景，以叙事的手法进行图案设计，使服装更加生动有趣，具有故事感和画面感。例如，海洋情景中的环境氛围等（图4-27）。

图4-27　情景化设计

5．图案与服装功能的有机结合

在趣味化童装设计中，装饰部位与服装结构的巧妙结合不仅体现在图案中，同时也包括立体造型、面料材质和装饰工艺的运用。这些装饰形式的有机结合，能够丰富童装的表现力，提升服装的品质和层次感（图4-28）。

图4-28　装饰工艺与功能设计相结合

6. 差异化设计

对于不同年龄阶段的儿童，其心理特征和兴趣爱好都有所不同。因此，针对不同年龄层次的童装，表现形式也需要有所区别。学龄前儿童的设计更应该注重造型轮廓和立体效果的趣味化呈现，而学生阶段的儿童更偏向运用图案进行装饰（图4-29）。

图4-29　差异化设计

趣味化设计不仅迎合了儿童对趣味性的需求，还丰富了童装的设计语言。设计师应充分运用趣味性图案设计特征和设计方法，从儿童的视角进行童装图案的设计，结合儿童的体型特征、生理特征、心理特征，设计出更加适合儿童特点、激发儿童兴趣、符合儿童审美的童装。

四、童装产品的设计流程

（一）市场调研

通过有针对性的市场调研，对同类型竞争品牌市场信息，童装产品市场产品类别、面料、色彩、工艺、廓型、搭配等流行趋势和信息的收集，并对该品牌市场销售情况的调研及信息整理，让设计师了解消费者对于该类型产品的喜好需求，同时对市场流行趋势有直观的判断，为下一环节的设计工作提供有效的信息支撑。

（二）产品的设计过程

1. 素材整理和制订设计开发方案

对市场调研获得的有效信息进行整理和提炼，从中获得设计灵感和设计方向，由设计部门主管为主导编写产品新一季设计开发方案，制订产品色彩、面料、工艺、廓型及主题概念。

2. 主题系列规划

以产品策划方案提供的主题概念为主线，拓展系列化产品设计规划，明确产品开发各系列主题风格及设计元素、上货批次、开发类别、开发数量等内容。

3. 产品设计

依据产品策划方案和系列主题规划为指导，分系列、分类别进行单款产品设计，用款式图（效果图）形式清晰表现款式细节、图案及工艺。

4. 编写产品样板制单

通过有效的图稿筛选过程，将确定制作样板的单款产品设计图稿编写样板制作单，详细标注款式制作工艺尺寸、配色效果、印花绣花要求和工艺效果、面辅料说明等，检查无误后交由板房打板制作。

5. 产品样板批复及调整

板房按照样板制作单的要求将设计样板头板制作好交由设计部门，设计师根据设计要求对头板进行批复，详细标注衣型尺寸和工艺是否符合要求，需要怎样修改完善，提出修改意见后重新交板房再次打样，直至完全达到设计要求。

五、童装品牌案例分析

（一）安奈儿

1. 品牌介绍

深圳市安奈儿（Annil）股份有限公司是一家专业设计、经营中高档童装的服装企业，其前身"安尼尔童装店"于1996年在深圳女人世界开业，1999年注册"Annil安奈儿"品牌，开始走品牌化发展路线。在20年的发展历程中，安奈儿童装优雅与流行兼具、精致与舒适并重的特点在国内童装品牌中独树一帜。其过硬的品质和优质舒适的面料更是得到千万妈妈的好评，如今安奈儿童装已成为消费者喜爱的童装品牌。

2. 品牌设计风格与理念

品牌风格优雅、精致、舒适。其设计理念还原孩童大地之子的本真，葆有生命与生俱来的优雅气质，用简约的设计，沉淀温婉、纯净、绅士的产品本质和文化内涵。面料考究，尽显精致，每一个细节处，诠释呵护的使命。

3. 消费者定位

专注于为0~12岁的儿童提供绿色环保的中高档休闲童装，秉承其优雅、精致、舒适的设计风格，让孩子回归童年本真，为孩子带去"不一样的舒适"（图4-30）。

图4-30　安奈儿品牌产品图片

（二）巴拉巴拉

1. 品牌介绍

巴拉巴拉（Balabala）是中国森马集团2002年在香港创建的童装品牌。巴拉巴拉童装公司拥有营销、研发、品牌推广、信息网络、物流配送、生产管理、加盟服务、品质八大管理中心，同时拥有成功运营300多家特许连锁专卖店的市场经验。目前它以超过100亿元的年销售额稳居同转速行业龙头，以品牌知名度及市场占有率成为中国童装行业第一品牌。

2. 品牌定位

专业、时尚、愉悦是巴拉巴拉的品牌核心价值。巴拉巴拉产品已全面覆盖0~16岁儿童的服装、童鞋、配饰品类，消费人群定位于中产阶级以及小康之家。巴拉巴拉注重消费者购物体验，一站式的零售空间提供多样的专业时尚产品，持续创造选择丰富、物超所值的消费价值。巴拉巴拉正努力实现世界儿童服饰标杆品牌的愿景。

3. 品牌风格

巴拉巴拉将国际前沿的时尚灵感与元素翻译给中国消费者，并致力发掘中国特色的时尚元素，提供多样化的风格选择和摩登造型，让孩子们轻松实现个性的表达。根据不同儿童的年龄及性别来满足孩子们的需求及生活方式，让孩子轻松拥有最适合的时尚造型，并利用创新的诀窍和技术让孩子每天的生活更为舒适和简单。巴拉巴拉是一个有创造力的品牌，倡导"童年不同样"的品牌主张，希望孩子的成长能够"自由自在，无拘无束"。通过趣味、欢乐、多彩的产品及充满惊喜的品牌体验，留给消费者更多的想象空间，激发、释放孩子们的探索、好奇的天性（图4-31）。

图4-31 巴拉巴拉品牌产品图片

第二节 休闲装产品设计

休闲装泛指闲暇地点和休闲活动所穿着的服装，表现一种放松自由的生活方式，为适应快节奏的都市生活所需。崇尚自由、追求个性的休闲服装不仅成为国际时尚的重要流派，而且也引导了中国市场的服装消费，成为热点商品和服装的主流趋势。从20世纪90年代开始，休闲服装逐渐进入我国，休闲服装的发展对享有世界衣冠王国之称的中国服装产业产生了重大影响。休闲服装专卖店遍布各大城市，涌现出了美特斯·邦威、森马、以纯、HM、优衣库等大量的国内外著名休闲品牌，改变了人们的着装观念和审美情趣。休闲服装的款式更趋国际化，种类更趋多样化，消费更趋品牌化、个性化。

一、休闲服装的风格类别

休闲服装根据品牌产品定位具有各自鲜明的产品风格和识别度，具有区别于其他品牌的独特个性。

（一）大众休闲

款式简洁舒适，价格亲民，性价比高，代表品牌有真维斯、美特斯·邦威、森马、GAP、优衣库等（图4-32）。

（二）时尚休闲

款式设计新颖，结合流行元素，廓型、工艺和色彩运用紧跟时尚潮流。代表品牌ZARA、ONLY、G&G、JACK&JONES等（图4-33）。

图4-32　大众休闲

图4-33　时尚休闲

（三）商务休闲

能在上班场合穿着的职业装，具有商务装的功能又具备休闲装的随意，款式设计大气沉稳而不失亲和力，追求工艺细节和面料品质，能提供更有品位的生活理念，体现绅士般的悠闲生活情趣，可以理解为休闲职业装。代表品牌VICUTU、太平鸟、SELECTED等（图4-34）。

（四）运动休闲

由休闲风格改良的一系列运动装，具有运动功用，有良好的自由度、功能性。代表品牌有FILA、李宁（图4-35）。

图4-34　商务休闲

图4-35　运动休闲

（五）户外休闲

使用特殊功能性面料和功能性细节设计，能抵御户外恶劣环境对人体的伤害，保护人体以适应户外运动。代表品牌有骆驼、哥伦比亚、北面等（图4-36）。

（六）个性休闲

融合潮牌、街头风、嘻哈风等设计元素，表现个性前卫、洒脱不羁的穿着方式。代表品牌有ACEG、EVISU、BAPE等（图4-37）。

图4-36　户外休闲

图4-37　个性休闲

二、休闲服装的设计内容

（一）款式及廓型

款式以基础大众款为主，简洁大方而不失时尚细节。廓型结合流行元素在合体的直身型基础上加以变化（图4-38）。

图4-38　款式及廓型

（二）图案和工艺设计

图案设计以印花、绣花为主，结合时尚流行工艺；图形设计以字母、图形组合为主，讲究平面构成方式（图4-39）。

图4-39　图案和工艺设计

（三）面料及色彩设计

面料宜选用保暖舒适、透气的天然纤维，常用的面料有针织棉系列、机织棉系列、提花印花面料、符合流行纹理图案面料等（图4-40）。

在色彩运用上以品牌基础色系为主，融合流行色系和主推色系，注意主色和搭配色的组合（图4-41）。

图4-40　面料设计

图4-41　色彩设计

三、休闲服装的设计要点
（一）产品风格特点
休闲装的风格类型较多，在设计前就要对品牌风格和个性特点进行充分调研，抓住设计关键点，深入理解品牌内涵，把握设计方向，有针对性地展开设计。

（二）消费人群定位

品牌的目标消费人群定位决定了产品购买的消费人群，这部分人群的个性特点、喜好需求都是在设计中需要考虑的元素，需要针对不同的产品进行价格定位。

（三）产品流行元素及市场信息

整理和运用市场流行信息和元素是每个设计师的工作环节，流行色彩、流行廓型、流行工艺、流行细节等是产品符合市场所需并被消费者认同的关键所在。随时了解市场需求，分析产品变化趋势、结合产品风格内涵、不断融入流行元素是设计过程中必须重点关注的内容（图4-42~图4-44）。

图4-42 产品流行面料分析

图4-43 产品流行色彩分析

重点图案

看似随意的涂鸦设计极具表现力，更以简单的笔触表达具有街头感的成年人"恶趣味"。凸显瑕疵的创意图案元素，以新颖的醒目笔触点缀局部或装饰全身，为面料赋予凌乱美，让简单的服装廓形变得缤纷多彩。

图4-44　产品流行图案分析

（四）主题系列设计

产品策划方案制订的主题概念是每一季产品设计的思路和主线，是设计师表达设计理念的主旋律。在设计过程中只有围绕某一个主题内容展开系列设计，才能使产品概念统一、思路清晰、主题明确，增强品牌凝聚力和赋予品牌精神内涵（图4-45~图4-47）。

应用工装袋作为装饰的元素，工装类型的口袋逐渐从注重实用功能演变成为重要的装饰细节，不同于工装外套应用在胸前位置，卫衣上的工装袋多应用在前胸口、腰部位置，强调了视觉效果上的工装风格。

图4-45　主题系列之工装革命

由潮流品牌OFF-WHITE和近期受关注度较高的PALM ANGELS引领的截短潮流，将卫衣大身应用截短设计，袖口与底摆多应用印有LOGO的弹性螺纹进行点缀，上身应用宽阔板型的设计，提升腰线同时增强整体对比。

图4-46　主题系列之截短潮流

应用拼接方式进行设计，利用解构对整体进行分割，面料选材上应用对比色或多色进行拼接，突出工业街头感。

图4-47　主题系列之拼接运动

四、休闲品牌案例分析

（一）森马

1. 品牌目标

力争打造大众服饰市场最具活力、最具竞争力的领袖品牌。

2. 品牌定位

森马休闲服饰涵盖了T恤、毛衫、夹克、衬衫、风衣、马甲、牛仔、裙装、内衣、包等十几个系列，消费者对象为16~25岁的时尚年轻人士。产品追求个性化和独特的文化品位，款式新颖、前卫，深受消费者的青睐。森马着力推行"森马是哈IN一族"的全新品牌定位，全力打造成为中国年轻市场的代表品牌。

3. 产品定位

森马将产品部设在上海，同时聘请来自法国的流行服装咨询机构专门提供国际休闲服装潮流资讯，包括当季国际流行元素、色彩等，指导每一季森马服饰的设计风格，第一时间将其反映在森马服饰上。无论是面料、款式、色彩上都引领时尚，展现活力，形成森马的风格特色。

4. 企业定位

森马服饰以"整合创新，共赢发展"为经营思路，着力扮演好"渠道规划者、资源整合者、品牌管理者、人文力行者"四种角色，立足服装实业、国内市场、品牌建设、人文引领，以国际化视野整合全球优势资源，以专注的心态和执着的精神做实业，走出了一条社会化大生产、专业化分工协作的路子。

5. 企业愿景

森马将继续实施多品牌发展战略，以"创大众服饰名牌，建森马恒久事业"为宗旨，以服饰为主业，以共赢为基石，不断实现客户梦想，努力打造世界领先的服饰品牌和企业（图4-48）。

图4-48 森马品牌产品图片

（二）FILA（斐乐）

世界前十运动品牌，主要从事网球、滑雪、高尔夫、瑜伽、赛车等高雅运动相关产品的服装开发。明快大胆的设计风格、卓尔不群的高雅气质和独特的产品功效，使斐乐在国际顶尖运动品牌中风韵独具，誉满全球。品牌于1911年由斐乐兄弟在意大利创立，至今已经有一百多年的历史。20世纪70年代，斐乐配合多元化策略，拓展运动服装业务，并在之后的岁月里先后开发了高尔夫、网球、健身、瑜伽、跑步及滑雪系列，最终奠定了世界著名运动品牌的中坚地位，被认为是艺术的代表、奢华的典范。斐乐作为时尚运动品牌，对中国消费者来说并不陌生。斐乐形象时尚活力，设计新颖、品质高，给消费者留下了深刻的印象。作为不断打破常规的运动品牌，斐乐持续以其不断创新、充满设计感的产品满足不同消费者的需求，以往新锐的原创产品成为今日的经典（图4-49）。

图4-49　斐乐品牌产品图片

第三节　时装产品设计

时装，即款式新颖而富有时代感的服装。凡是当下最新颖、最流行，具有浓郁时代气息，符合时代潮流趋势的各类新颖的服装，都可称为"时装"。时装紧跟时尚潮流，款式变化快，运用新面料、新辅料、新工艺、新廓型、新色彩、新图案，追求变化创新。

一、时装的风格类型

（1）瑞丽风：以日韩穿衣风格为引导，针对年轻人的群体，打造甜美优雅、时尚俏丽的都市时尚达人的穿衣模式（图4-50）。

图4-50　瑞丽时尚

（2）OL风：Officelade Lady的缩写，是上班族白领女性穿着的较正式的套装、套裙，属于干练利落、大气的职场穿衣模式（图4-51）。

图4-51　OL风

（3）名媛风：凸显优雅高贵的气质又不失性感、端庄而不刻板的淑女味道的轻熟风格穿衣形式（图4-52）。

图4-52　名媛风

（4）洛丽塔风：以粉色系为主，点缀大量蕾丝花边的裙装，表现洋娃娃般的可爱和浪漫的形式；也有以黑白色系为主，表达神秘气息的形式（图4-53）。

图4-53　洛丽塔风

（5）简约风：一种简约的穿衣风格，服装上没有过多的装饰，通过有质感和肌理效果的面料、裁剪讲究的廓型、精致的工艺来表达简约风格，是一种由低调的经典带来的对时装最精粹的诠释（图4-54）。

图4-54　简约风

（6）前卫风：服装色彩鲜艳，充满青春和创造力，反对经典和主流，多用夸张的印花、金属装饰或点缀闪亮的水钻、亮片、蕾丝等装饰，具有个性而反叛的视觉冲击，体现多种元素混合搭配的穿着方式，展现另类的穿衣风格（图4-55）。

图4-55　前卫风

（7）轻奢风：是指低调优雅、华丽而不炫耀的着装态度。服装价格定位一般是中高档，重视品质和裁剪（图4-56）。

图4-56 轻奢风

二、时装设计常用方法

（一）焦点法

视觉焦点是指在整个设计中能引起视觉兴奋和刺激的部位。视觉焦点的设置能吸引人们的视线，增添服装的活力和情趣，起到画龙点睛的作用。视觉焦点一般设置于具有强烈装饰趣味的物件标志或图案上，既有美的欣赏价值，又在空间上起到一定的视觉引导作用（图4-57）。

图4-57 焦点法

（二）重复法

重复能产生出具有一定秩序美的节奏和律动，能产生强烈的艺术感染力，形成良好的视觉效果，通常以组的形式出现，一般包括图案重复、款式局部重复、色彩重复、工艺重复等（图4-58）。

图4-58　重复法

（三）肌理运用

运用同一材料做出的服装，材料表面肌理一致会使人感到平乏、单调，为追求视觉的变化和时尚感，需要在设计过程中尽可能地运用各种技巧，使同一材料产生不同的肌理，并把它们运用在服装的相应部位。打褶、镂空、浮绣、拼缀是常用的使同一材料产生肌理变化的方法。特殊的视觉肌理和触觉肌理能形成别具一格的特色，也是时尚产品设计常用的手法（图4-59）。

图4-59　肌理运用

（四）图案装饰

图案装饰是把通过艺术概括和加工的纹样，按一定的规律组织起来，并能通过一定工艺手段与服装结合的图形，对丰富和加强服装的外观美起着重要的作用。图案装饰凭借形象和色彩、情与景、意与境交融在一起，使产品形象鲜明、生动，具有强烈的感染力（图4-60）。

图4-60　图案装饰

（五）色彩对比

色彩是服装外观最引人注意的元素，服装色彩给人的印象、感受，主要是由色彩的基本性质决定的。通过色彩明度、纯度、色相以及冷暖、面积的对比形成千变万化的色彩情感效果。对比意味着对规矩的突破，在一定程度上形成了服装色彩的新异性，能使服装具有醒目的印象和时尚的趣味，也是时装设计中色彩运用最常用的方式（图4-61）。

图4-61　色彩对比

（六）强调法

在产品设计中要注重风格和设计手法的统一，但是过分统一的结果往往会使设计趋向平淡，为强调重点部分，需要使用强调法进行设计，形成主次分明、重点突出的视觉效果。在设计上可以突出强调材质、装饰线、廓型、工艺、细节表达、饰物装饰等部分，作为强调的中心（图4-62）。

图4-62　强调法

（七）夸张法

夸张法是一种化平淡为神奇的设计方法，在时装设计中，夸张的手法常用于服装的整体及局部造型中。夸张不但是把本来的状态和特性放大，也包括将其缩小，从而造成视觉上的强化或弱化。夸张需要一个尺度，选择与产品风格最合适的状态将之应用在设计中，是设计的关键。夸张法除造型外，还可以对面料、装饰细节进行夸张，采用重叠、组合、变换、移动、分解等手法，从位置高低、长短、粗细、轻重、厚薄、软硬等多方面进行夸张（图4-63）。

图4-63　夸张法

（八）加减法

根据时装产品的风格和流行趋势，在追求奢华、层次堆叠的产品设计中用加法比较多，在简洁时尚风格设计中使用减法比较多，无论是加法还是减法，恰当和适度都是最为关键的。在利用基本元素的基础上，不过多变化形体，而是运用原有元素的形态进行大小不同的组合。注重设计元素的增减，追求设计上的形式美感（图4-64）。

图4-64　加减法

（九）装饰运用

将能够强调服装美感的工艺手段与服装有机结合，是增强服装装饰效果的重要手段，有效的装饰运用往往是服装的点睛之笔。装饰运用的方式包括局部结构、装饰物件（拉链、纽扣、徽章、金属扣、绳线等）、配饰、配料、工艺等的添加（图4-65）。

图4-65　装饰运用

三、时装产品设计要点

时装类产品是服装产品中对时尚信息捕捉最敏感、时尚元素应用最快速、款式变化最丰富的类型，需要设计师无时无刻不关注市场流行变化，引领时尚潮流，从而能针对相应的产品风格有效运用时尚元素展开设计，主要包含收集时尚信息、提炼精华元素，面料和色彩运用，工艺细节运用，图案运用（图4-66~图4-68）。

根据最新国内市场动态、2020春夏四大时装周T台资料以及明星博主热门带货单品中发现，西装仍是下一个最受大众欢迎的外套单品。摒弃以往常规的西装款式，从全新视角出发，搜集新颖的西装款式设计亮点；细化到将西装腰线、肩线、门襟、领型、基础款上材质变化等视角进行汇总与剖析。创新的西装外套为开发先锋潮牌、运动休闲、中少淑等风格向客户提供相应的新颖款式。

图4-66　收集时尚信息

图4-67　面料和色彩运用

手工剪花

随着手工风潮的兴起，醒目且简易的手工剪花图案，有利于更好地融入日常服饰当中。

*以更醒目的设计迎合更为精细的手工风主题，简化图案的同时利用单色印花，强化视觉冲击力。

*可通过与艺术家合作联名款，提升品牌形象。

图4-68　工艺细节运用

四、时装品牌案例分析

（一）欧时力

1. 品牌灵感

欧时力（Ochirly）的最初设计灵感就来自于佛罗伦萨的玉簪花。其花具有典雅灵秀、亭亭玉立的形态，雨后在冻结的石头上闪着多种微亮的色彩，成为欧时力对于其典雅不羁、变幻色彩的创作源泉。1990年，Ochirly诞生于佛罗伦萨，沿袭着意大利的时尚与佛罗伦萨的深邃，一跃成为欧洲新锐品牌，成为时尚、典雅的代表，活跃在世界时装舞台上。

2. 品牌定位

在女装市场享有一定的知名度和美誉度的欧时力，其目标消费群定位在成熟、自信、独立、高贵、大方的时代女性。她们大多接受过高等教育以及高品位的文化熏陶，喜欢不断变化的生活和挑战，有着自己的生活方式以及对于时尚的独特体会和要求，将其品牌时尚、潮流、典雅的欧式风情尽情演绎。"时尚专家，美丽顾问"是欧时力一贯的形象定位，能够充分满足当代女性的时尚需求，向消费人群提供各种服务以及不断变化的时尚设计尝试，为其打造丰富多彩、精彩纷呈的时尚生活，成为其提高自身美丽外在和内涵的殿堂。

3. 品牌特点

艺术与商业融合是欧时力散发无穷魅力的源泉。她是最早打破常规、发动混搭概念的时装品牌。从设计到工艺、从颜色到板型、从细节到搭配，无不"混"得优雅。从电影、音乐、绘画等各类艺术中汲取灵感，结合潮流、激发创意，展现女性自在、自信、由心而发的优雅摩登气质（图4-69）。

图4-69　欧时力产品图片

（二）飒拉

1. 品牌介绍

飒拉（ZARA）是1975年设立于西班牙并隶属Inditex集团旗下的一个子公司，既是服装品牌，也是专营ZARA品牌服装的连锁零售品牌。ZARA曾是全球排名第三、西班牙排名第一的服装商，在80多个国家设立了超过2000家的服装连锁店，深受全球时尚青年的喜爱。设计师品牌的设计优异，价格低廉，成为飒拉的卖点，让大众也可以拥抱时尚。Inditex是西班牙排名第一，并已超越了美国的GAP、瑞典的H&M、丹麦的KM成为全球排名第一的服装零售集团，旗下共有8个服装零售品牌，ZARA是其中最有名的品牌。尽管ZARA品牌的专卖店只占Inditex公司所有分店数的三分之一，但其销售额却占总销售额的三分之二左右。

2. 品牌特色

ZARA旗下拥有400余位专业设计师，一年推出的商品超过了120000款，可以说是同业的5倍之多，而且设计师平均年龄只有25岁，他们随时穿梭于米兰、东京、纽约、巴黎等时尚重地观看服装秀，以获取设计理念与最新的潮流趋势，进而设计推出高时髦感的时尚单品。每周两次补货上架，每隔三周就要全面性汰旧换新，全球各店在两周内就可同步进行更新完毕，具有极高的商品汰换率，也加快了顾客上门的回店率。除此之外，ZARA设计师群也实时与全球各地的ZARA店长进行电话会议，透过了解各地的销售状况与顾客反应，来灵活变通调整商品的设计方向，适应客人的百变口味，而且在顾客购买的同时，店员已经将商品特征以及顾客资料输入计算机，借由网络传输将数据传送回ZARA总部，设计群则可掌握各种精确的销售分析与顾客喜好，再加上本身专业的时尚敏锐度，共同来决定下一批商品的设计走向与数量，如此一来，商品即可发挥最大销售率，也意味着能有效压低库存率（图4-70）。

图4-70　ZARA产品图片

第四节　运动装产品设计

一、运动装的风格类型与特点

（一）风格类型

1. 时尚运动

将运动服装的自由舒适和专业功能性与时装中的曲线修身、潮流时尚巧妙地融为一体，是近年来国际时尚界的一大热点。运动时装突出了"运动时装化"的概念，时尚运动表现出来的已经不仅仅是它功能上的价值，时尚、潮流、性感、独特、气场、影响力将展现运动时装的新内涵，代表品牌有阿迪达斯、李宁等（图4-71）。

图4-71　时尚运动

2. 专业运动

专业运动服装是针对各类型运动项目的需求，既能满足运动员日常训练，同时也能具备基本比赛的需求，在具备吸湿透气的基本功能性的同时，设计上也更具美观性和时尚性（图4-72）。

图4-72　专业运动

3. 竞技运动

针对专业运动员参加各种竞技运动项目而穿着的兼具功能性和保护性，并能最大限度有助于提高比赛成绩的服装，设计时需在满足进行竞技项目穿着需求的同时突出机能性的设计，注重高科技合成材料的研发和应用。现今热塑性弹性体、高分子复合材料、纳米材料和功能材料的出现在此类服装中得到了市场化应用。根据竞技项目的类型分为水上服、冰上服、举重服、摔跤服、体操服、登山服、滑雪服等（图4-73）。

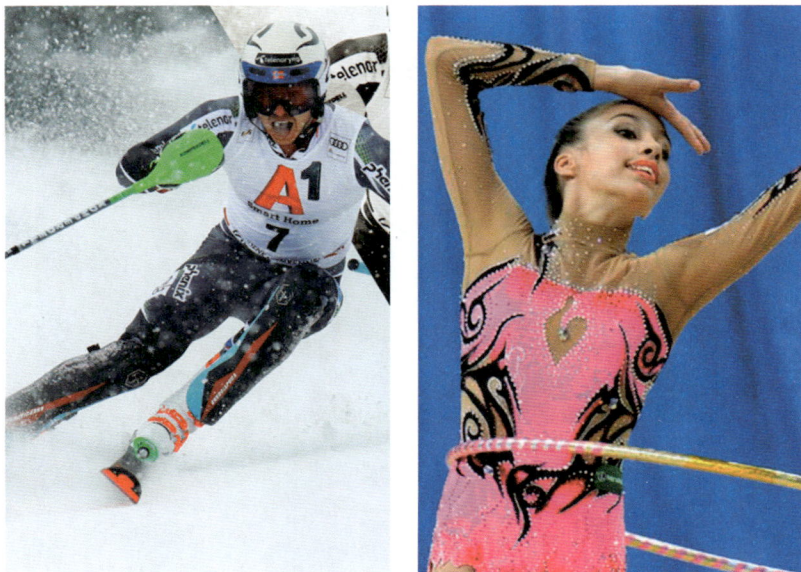

图4-73　竞技运动

4. 休闲运动

休闲运动服装是运动类服装和平时休闲生活类服装的结合。休闲服装的特点是宽松舒适，便于日常基本运动的需求，面料吸汗通气、色泽持久、耐磨。休闲运动服装款式随潮流变化不大，属于基础款式的运动服装。代表品牌有361°、安踏、鸿星尔克等（图4-74）。

图4-74　休闲运动

5. 户外运动

在进行登山、攀岩、骑行、徒步及其他户外运动时穿着的服装，以应对户外环境的复杂多变。户外运动服装可以抵御恶劣环境对人体的伤害，保护身体热量不被散失以及快速排出运动时所产生的汗水，注重对身体的防护、舒适等功能性设计。代表品牌有哥伦比亚、北面等（图4-75）。

图4-75　户外运动

（二）运动服装的特点

1. 牢固耐磨性

能经受各种摩擦和撞击，避免运动员在各种极限运动过程中出现面料的崩裂和破损现象（图4-76）。

图4-76　牢固耐磨性

2. 吸汗透气性

有效减少运动员在高强度、超负荷运动过程中的热量及汗水流淌所造成的不适，让运动员尽可能保持正常的身体温度（图4-77）。

图4-77　吸汗透气性

3. 柔韧舒适性

满足运动员大幅度运动变化的需求，避免产生束缚和压迫感而带来身体上的不适（图4-78）。

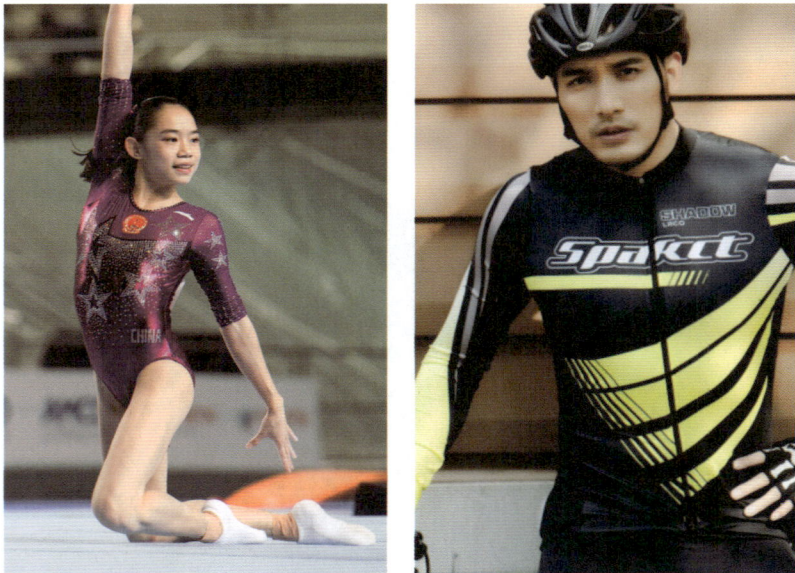

图4-78　柔韧舒适性

4. 时尚流行性

运动与时代发展的同步性，体现了时代发展趋势需求，满足了服装与时俱进的时尚理念（图4-79）。

图4-79　时尚流行性

二、运动装的设计方法

（一）注重机能性设计

在充分考虑满足各类型运动项目需求的同时，充分运用能体现高科技的特殊材质和功能性结构设计，针对不同类型的运动，服装需具备不同的功能，如防风防水的防护功能，保暖隔热的隔绝功能，确保人体散热透湿的透气性功能，提供运动者奔跑、跳跃的弹性功能，满足户外登山、攀岩便携性、防撞性能等的需求（图4-80）。

图4-80　机能性设计

（二）各种运动风格的把握

针对不同的运动风格特征和穿着需求，把握设计要点，有效运用各种风格元素和依据产品特点展开设计（图4-81）。

图4-81　运动风格的把握

（三）时尚元素和色彩的运用

随着科学技术与专业运动服的设计与制作的不断紧密结合，运动员的专业服装在反映时代的审美观方面，也随着体育运动的发展而不断推陈出新。运动服装的细节和时尚设计越来越受到重视，运动装也正是通过这些细节的流行装饰及表现手法而变得越来越时尚。运动服装的图案多由数字、字母、运动条纹等组成，这些装饰简洁、明快、直观。徽章、数字和运动条纹都是代表运动特征的图案元素，通过不同材质、不同表现形式，传递着时尚信息。此外，还有各种胶印、丝网印、缝补上的数字等（图4-82）。

图4-82　时尚元素和色彩的运用

（四）运动与科技的融合

随着科技的发展，各种舒适透气的功能性面料不断出现，使运动装合体、紧身的设计成为可能。在面料的选择上，各种新型纤维被运用到运动服装中。例如，美国杜邦公司开发的Tactel纤维手感柔软、光泽优雅；弹性纤维氨纶能完全勾勒出穿着者的身体曲线；许多高科技面料的吸汗性更好，可以使穿着者在炎炎夏日也倍感清凉。专业运动服装在时尚化的同时也更加突出科技含量，PTT高伸缩面料、仿真丝聚酯纤维等产品备受欢迎，如Ruma所采用的科技面料A.W.SUN，能够使产品有效抵抗UVA/UVB，使人体得到充分的保护，免受紫外线的侵害，同时具有快干功能，能够将湿气迅速排出体外。又如，游泳运动员所穿的Speedo Fastskin鲨鱼皮系列专业泳衣是由一种叫LZR Racer Comprex特殊材质布料做成的，这是一种单向拉伸的布料，它可以实现面料出色的灵活性和特定服装区域的高挤压度。除了帮助身体整体更具流线型从而减少水阻外，泳衣的高挤压度可以让选手减少肌肉振动，避免肌肉振动在皮肤表面产生褶皱从而影响动作的流畅性，减少无效的耗能，提高爆发力，辅助运动员取得更好的成绩。在田径赛场上，也一直不乏高科技产品，许多服装制造商都致力于研发让运动员跑得更快、跳得更高的服装和鞋子。例如，里约奥运会上，某运动品牌就带来了一种全新的纺织技术，通过分布在运动服上的小硅胶凸起，可以减少空气阻力，让运动员跑得更快。李宁公司专门针对里约炎热的气候，为我国乒乓球队提供的"战服"采用了Cool Max面料，结合Body Mapping色织提花面料，能够使运动员在比赛中快速排出汗液，保持身体干爽、舒适。此外，还在剪裁上采用了个性化定制的说法，按照每个运动员的身体数据形成专属板型，提升运动员的竞技状态（图4-83）。

图4-83　运动和科技的融合

第五节　职业装产品设计

职业装是各种职业工作服的总称，是指从业人员工作时穿着的一种能表明其职业特征的专用服装。职业装具有实用性、标识性、艺术性、防护性、时代性、民族性等特点。

一、职业装的类型

（一）行政职业装

行政职业装是商业行为和商业活动中最为流行的一种服饰，是介于职业制服与时装之间，兼具两者特点的工作服装，尤其以白领服装为主要表现形象。

职业套装指由相同或相近面料制成的几件单品构成的上下装组合，现在也包括在面料的材质、色彩、图案上能构成系列的上下装组合。行政职业装十分追求穿着品位与潮流，风格简约、中性，用料上力求手感佳，挺扩滑爽，造型上强调简洁与高雅，色彩以稳重的中性色或浓重色为主，总体上注重体现穿着者的身份、文化修养及社会地位。

（二）职业制服

职业制服是指在一定的历史时期内，一定的社会集体，在某种统一意志的指导下，按照一定的制度或法规穿用的一定样式的衣服，即为制服，是以识别企业形象和标识企业文化为主要特征的服饰。这种职业装不仅具有识别的象征意义，还规范了人的行为并使之趋于文明化及秩序化，包括航空、百货零售、酒店、餐饮、金融以及税务、公安、司法等行业或机关单位。

（三）职业工装

以企业性质为主要表现特点，一般用于医学、建筑、机械制造、空间作业等，为防止工作过程中外界对人体产生伤害，具有防电、防静电、防尘、防水、透气、隔热、防传染等特点，是其他服装形式无法代替的。它是工业化生产的必然产物，并随着科学的进步、工业的发展及工作环境的改善而不断改进，包括交通运输、制造业、生活服务等行业。

二、职业装的特点

（一）职业装的精神性

职业装必须有利于树立和加强从业人员的职业道德规范，培养敬业爱岗的精神，能反映企业、团体的精神理念，增强团队凝聚力，体现企业和团队的经营服务理念，使消费者产生信赖感。

（二）职业装的实用性

职业装应该适应不同的工作环境，突出实用性的特点，综合考虑材料的理论性能、生物性能、质感、加工性能等。款式设计应以工作特征为依据，结构合理，色彩适宜，任何过于时髦、花哨的款式和配饰都必须纳入特定的工作环境制约之中；制作加工上，要求裁剪准确、缝纫牢固、规格号型齐全、整烫定型平整、包装精致良好，并且要经济耐用。

（三）职业装的艺术性

职业装除了要美化个人形象，表现着装者的个性与气质外，还要能传达出行业、企业的形象。职业装与工作环境、服务质量一起，构成了行业的整体艺术形象。优雅的工作场所、时尚得体的职业装以及标准规范的亲切服务，对提高行业的知名度、促进销售、增强企业的凝聚力不可或缺。

（四）职业装的标识性

标识性旨在突出社会角色与特定身份的标志以及不同行业、岗位的区别。标识性可分为等级标识、场合标识、性别标识、身份标识。标识的设计在于通过款式与色彩搭配、服饰配件和企业标志的不同来实现。

（五）职业装的安全性

这里主要指职业工装。职业工装是以安全防护为首要目的，最大限度保护穿着者的身体不受作业环境中的有害因素侵害，改善和提高工作效率，以保证作业人员准确、完全、高效地完成工作任务。不同的行业服装有不同的功能防护要求，如消防员穿着的消防服、电焊工的防护服、高空电力施工人员的安全保护服等，都需要结合工作环境和工作特点以及着装需求，考虑服装材料的隔热性、防水性和防风性、防静电和阻燃性等进行相应的设计。

（六）职业装的科学性

现代科学的最新研究成果运用于职业服的全过程，如材料、设计、制板、缝制、包装等。其中产业用纺织品的科技含量最为突出，新的纺织材料给职业装带来日新月异的全新面貌。

三、职业装的设计方法

（一）设计要点

1. 分析不同行业、不同岗位的着装特点与要求

职业装不仅要求穿着者的规范整洁，还要体现不同工作岗位的职业特性。例如，行政执法人员的着装要给人威严且具有震慑力的感觉，银行职员要表现出严谨的风格等。

2. 分析不同岗位的工作需求与形象需求

职业装最主要考虑的是穿着对象的身份、穿着环境、性别年龄和岗位需求等因素。例如，空乘、前台等服务岗位要求从业人员热情、细心，穿着的服装不宜个性化、张扬，或者过于沉闷和随意。

3. 注重职业装的实用性、功能性、防护性、安全性、科学性

不同类型的职业装要符合人们在不同季节、环境、场合穿着的需要，还要考虑从款式的功能性、材料的舒适性、结构的安全性以及制作成本上的经济性。例如，工程维修类工作服要具有舒适透气、耐磨耐脏的特点，还需考虑便于随身携带常用维修工具的多口袋功能性设计；户外工作服在具有防寒保暖、防风防雨的同时，还需要具备夜晚反光等功能，同时在结构设计上也要符合人体的穿着机能性需求。

4. 色彩运用原则

（1）一般选择将企业标志色作为主色，配以其他辅助色使用（图4-84）。

（2）运用色彩组合时需充分考虑穿着者工作岗位、性质和环境的特征，在色彩上形成

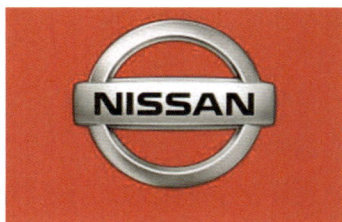

图4- 84　企业标志色及辅助色在制服中的运用

一定辨识度和合理性，能有效区分同一岗位的不同身份。

5. **款式设计原则**

（1）款式设计能充分体现企业文化、经营理念、团队精神和象征意义。任

何企业都有自己特有的企业文化和精神内涵，能体现企业文化同时具有美观时尚性的职业装也能更好提升员工的归属感和荣誉感（图4-85）。

图4-85　空乘制服和银行制服的团队精神体现

（2）款式设计能满足岗位需求和体现岗位特性。尤其针对特殊行业设计

的职业工装，必须充分考虑穿着环境和工作需求等因素。例如，建筑工人繁重的体力劳动和长期露天作业，耐脏结实、舒适并方便劳作是为之设计的关键词。

6. **融合时尚性和艺术性的整体设计**

在设计中充分运用时尚元素能有效提升职业装的艺术视觉效果。例如，海南航空第五代空乘人员制服在设计上采用了最具有中国特色、并被国际时尚界追捧的旗袍样式，同时融入

海航"现代、东方"的品牌形象，打造出名为"海天祥云"的全新系列，完美展现出空乘人员具有的东方气质（图4-86）。

图4-86　海南航空第五代空乘制服

（二）酒店制服的设计方法

酒店是一种以为顾客提供住宿为主，附带餐饮、娱乐和会议等不同服务项目的综合型服务行业。其档次以星级区分，从无星级到两星、三星、四星和五星不等。内部分工细致，等级分明。作为给客人提供休息、放松和休闲的高档消费场所，酒店在自身形象上一般要求很高，从硬件环境到服务质量、服务人员形象都要凸显气质与个性，以吸引客源。主要体现在服务人员形象包装上，整体上要给人一种尊贵而不失亲切的服务感。

（1）设计风格配合整体环境（图4-87）。

图4-87　设计风格配合整体环境

（2）色彩设计配合整体色彩（图4-88）。

图4-88　色彩设计配合整体色彩

（3）展开系列设计手法。包括同色调、不同面料或款式（图4-89），同款式、不同色彩（图4-90），同色彩、不同款式（图4-91），以及运用细节装饰手法去强调标志性与岗位分工（图4-92）。

图4-89　同色调系列设计

图4-90　同款式系列设计

图4-91 同色彩系列设计

图4-92 细节装饰强调岗位分工

（4）在设计上要遵循国际惯例，也可适当汲取民族服装的特色，展现民族风格，还要结合当前流行趋势，在造型、色彩、面料上不断更新（图4-93）。

图4-93 展现民族风格

项目练习与实践

1. 选择任一童装品牌，通过对该品牌的市场调研和产品定位以及风格特点的分析，为该品牌进行下季度一个系列的产品设计。

2. 对某一休闲品牌进行市场调研，通过策划产品主题方案，为该品牌设计符合市场流行和产品风格特点的下一年度春夏季产品。

3. 对某一时装品牌进行市场调研，通过策划产品主题方案，为该品牌设计符合市场流行和产品风格特点的下一年度秋冬季产品。

4. 通过对李宁时尚运动品牌的市场调研，为该品牌设计一个系列符合市场流行和产品风格特点的下一年度夏季产品。

5. 为某五星级度假酒店设计该酒店的全套工作人员制服。

第五章　服装产品设计案例分析

学习目标

　　本章节通过品牌服装产品设计开发的市场案例，详细介绍了童装、休闲装、时装、运动装、职业装等的产品设计呈现方式，让学生深入了解不同服装产品类型的风格特点和设计方法，提高学生与市场的对接能力和把控时尚的能力，培养学生的团结协作、自我学习、自我展示和信息处理的能力。

第一节　童装品牌产品设计案例分析

一、设计品牌：猫和老鼠童装

　　定位于3~12岁儿童，产品风格以欧美简约休闲为主打，以"快乐涂鸦"为系列主题，通过彩色泼墨、随意涂鸦、不规则的散点状图形图案、色彩的拼撞以及玩闹嬉戏、冒险游戏等元素结合猫和老鼠的经典动漫造型展开设计。其中，男童设计以宽松舒适的衬衣、T恤、牛仔短裤和休闲裤为主；女童设计采用泡泡袖、公主裙、略收身T恤点缀蝴蝶结以及层次感的花边等，体现孩童玩乐不羁的童真（图5-1~图5-7）。

图5-1　快乐涂鸦主题解析

快乐涂鸦——男中小童

图5-2 快乐涂鸦男童款式设计一

快乐涂鸦——男中小童

图5-3 快乐涂鸦男童款式设计二

快乐涂鸦——男中大童

图5-4　快乐涂鸦男童款式设计三

快乐涂鸦——男中大童

图5-5　快乐涂鸦男童款式设计四

快 乐 涂 鸦 —— 女 中 小 童

图5-6　快乐涂鸦女童款式设计一

快 乐 涂 鸦 —— 女 中 大 童

图5-7　快乐涂鸦女童款式设计二

二、设计品牌：洁帛童装

产品为欧美休闲风格，以英文字母结合汽车、动物、运动元素等图形图案的组合排列，图案设计夸张而有个性，色彩对比鲜明（图5-8）。

图5-8　中小童短袖T恤图案设计

第二节　休闲装品牌产品设计案例分析

一、设计品牌：MX

产品为韩系潮流风格，定位于18~28岁、追求时尚个性的青年群体。在产品设计过程中，通过文字游戏、地球之友、假日色彩、影像时代四个不同的系列主题，结合流行元素和工艺，注重图案设计的排列组合和工艺细节运用（图5-9~图5-14）。

图5-9　夏季T恤设计一

图5-10　夏季T恤设计二

图5-11　夏季T恤设计三

图5-12　夏季T恤设计四

图5-13　秋季针织产品设计一

图5-14　秋季针织产品设计二

二、设计品牌：鸿兴服饰

产品为韩系休闲风格，定位于18~30岁、追求时尚活力的群体。在本季春夏季产品设计过程中，通过牛仔部落、趣味符号、热带雨林等系列主题的设定，融合流行元素开展设计（图5-15~图5-17）。

图5-15　夏季T恤系列设计一

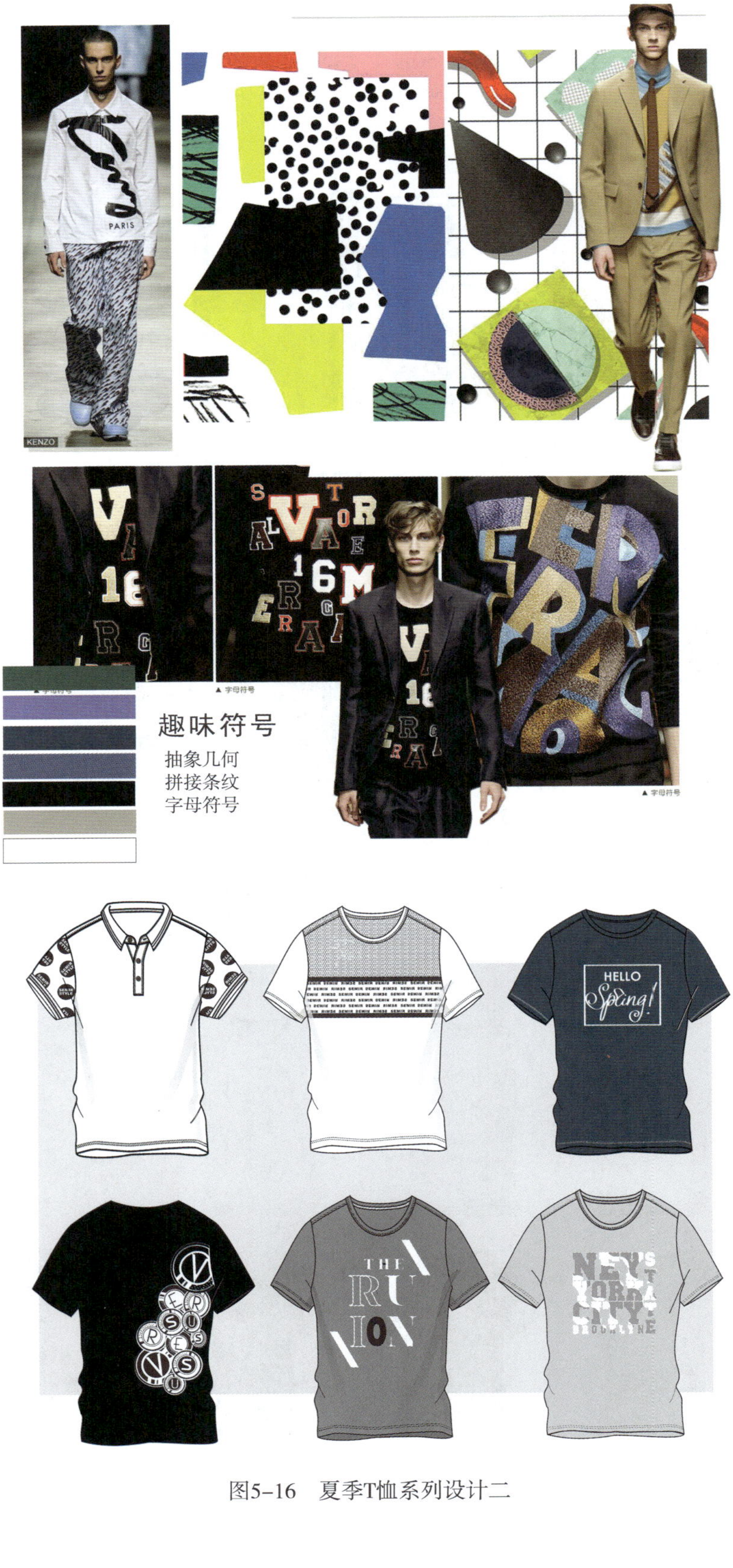

趣味符号

抽象几何
拼接条纹
字母符号

图5-16　夏季T恤系列设计二

图5-17 夏季T恤系列设计三

三、设计品牌：MLT

产品为欧美休闲运动风格，主推针织卫衣系列，设计上采用精致图案结合时尚印花和绣花工艺体现产品细节和内涵（图5-18~图5-21）。

图5-18　秋季卫衣设计样板单一

图5-19　秋季卫衣设计样板单二

款号：1807101#
款式：男装带帽领卫衣

正背面款式图

A色车花(榴榴米)

MANLETU Personality
BREAKING THE RULES

A色车花(1针)
A色车花(1针)　　B色车花(立体绣)
B色车花(立体绣)
A色车花(立体绣)

前胸车花尺寸说明：按此比例宽放至25cm，高按比例扩
车花位置：前领中下7.5cm至花顶，左右分中(不含止口)

款式配色

衫身色：麻灰　织带色：大红	衫身色：黑色　织带色：大红	衫身色：丈青　织带色：大红

印花A色：黑色　印花B色：红色	印花A色：深银灰　印花B色：红色	印花A色：黑色　印花B色：红色

图5-20　秋季卫衣设计样板单三

款号：1807201#
款式：男装圆领卫衣

正背面款式图

印花A色(无缝压胶)
MANLETU MLT
印花c色厚板
LIVE BEAUTIFULLY
LOVE COMPLETELY
LEARN AND LIVE
FUTURE
FLOURISH
印花B色胶浆
BREAKING THE RULES
CAPACITY

前幅印花尺寸说明：
按此比例宽放至14cm，高按比例扩
印花位置：
左肩端点下16cm至花顶
前中线至夹圈左右分中(不含止口)

后领印花尺寸说明：
按此比例高放至14cm，宽按比例扩
印花位置：
后领中下3cm至花顶，左右分中(不含止口)

印花B色厚板

FUTURE

印花说明

款式配色

衫身色：麻灰	衫身色：黑色	衫身色：丈青

印花A色：深灰　印花B色：白色　印花C色：大红	印花A色：深灰　印花B色：白色　印花C色：大红	印花A色：深蓝　印花B色：白色　印花C色：大红

图5-21　秋季卫衣设计样板单四

第三节　时装品牌产品设计案例分析

一、设计品牌：虹古服饰

产品定位于22~40岁的成熟、自信、独立、高贵、大方的时代女性，系列以夏日海滨度假为主题，采用宽松板型、注重细节设计，构建全新时尚度假产品系列（图5-22~图5-26）。

夏日胜地

海滨夏日度假主题，宽松板型和现代细节构建全新度假休闲风

图5-22　夏季系列产品设计主题

基调&色彩

独特之处：航海主题迈入成熟领域，潮流往极简风和现代经典的方向发展，这正在成为消费者们关注的焦点

造型建议：天然配色取代扎眼亮色，可调整的宽松版型尽显夏日悠闲

上市时间：盛夏

图5-23　夏季系列产品色彩方案

夏日胜地(一)

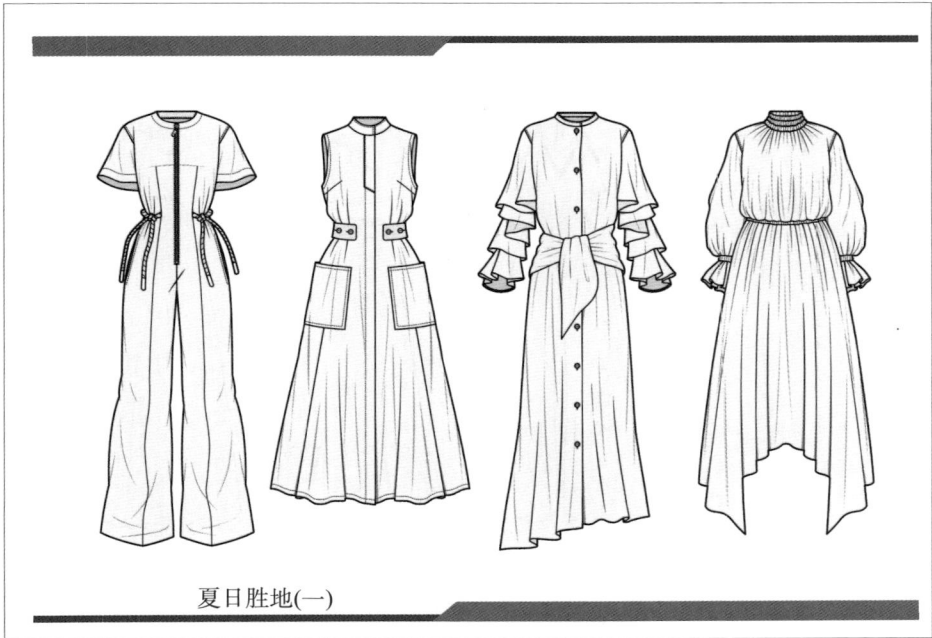

图5-24　夏季系列产品设计一

夏日胜地(二)

图5-25　夏季系列产品设计二

夏日胜地(三)

图5-26　夏季系列产品设计三

二、设计品牌：慕蓓服饰

以烟粉、水洗蓝为主色调，融合破洞、网纱、流苏、花卉以及不同面料的拼接，无拘无束的设计手法，融合东西方艺术的文化碰撞，将休闲与时尚进行重新诠释，运用全新的混搭风格和狂野前卫的设计手法充分体现艺术与时尚的完美结合（图5-27~图5-30）。

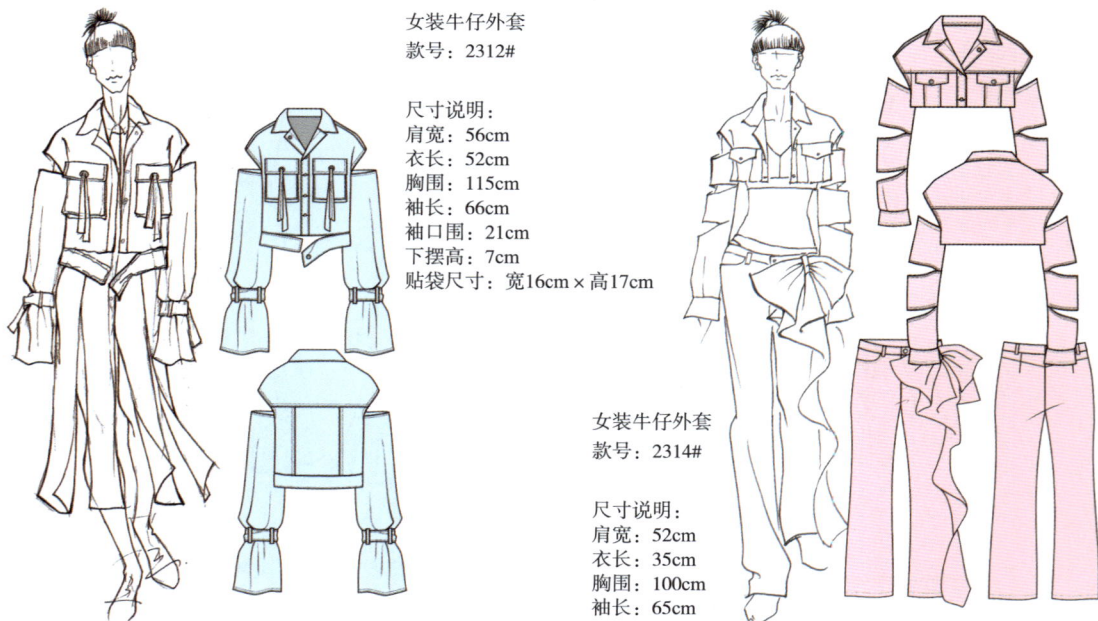

女装牛仔外套
款号：2312#

尺寸说明：
肩宽：56cm
衣长：52cm
胸围：115cm
袖长：66cm
袖口围：21cm
下摆高：7cm
贴袋尺寸：宽16cm×高17cm

女装牛仔外套
款号：2314#

尺寸说明：
肩宽：52cm
衣长：35cm
胸围：100cm
袖长：65cm

图5-27　秋季系列产品设计一

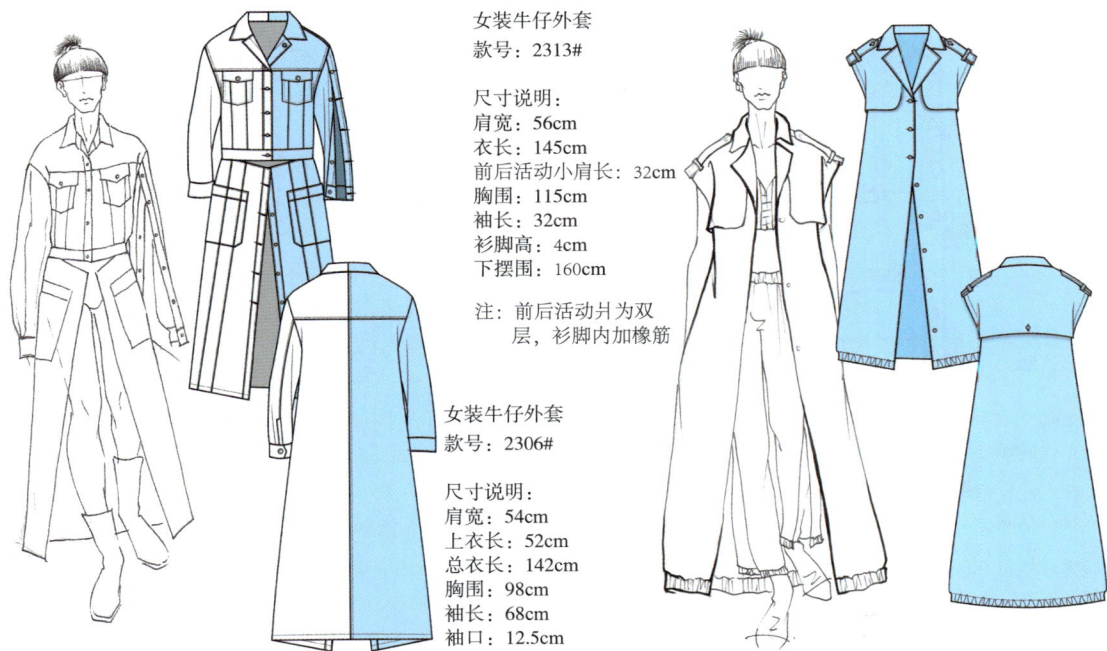

女装牛仔外套
款号：2313#

尺寸说明：
肩宽：56cm
衣长：145cm
前后活动小肩长：32cm
胸围：115cm
袖长：32cm
衫脚高：4cm
下摆围：160cm

注：前后活动片为双
　　层，衫脚内加橡筋

女装牛仔外套
款号：2306#

尺寸说明：
肩宽：54cm
上衣长：52cm
总衣长：142cm
胸围：98cm
袖长：68cm
袖口：12.5cm

图5-28　秋季系列产品设计二

男装洗水拼接外套
款号：1806#

尺寸说明：
肩宽：54cm
前衣长：79cm
后衣长：75cm
胸围：110cm
短袖长：24cm
袖长：65cm

袖口卷边高3cm

袖口边
前胸上层底边
散口洗毛边

上层为纯棉牛仔布(12安)
下层为纯棉斜纹布米白色

上层牛仔洗水颜色请参考左下图
前胸破骨效果请参考右下图

后幅上层底边
散口洗毛边

男装牛仔外套
款号：1311#

尺寸说明：
肩宽：64cm
衣长：68cm
(不含裤头垂下来部分)
衣长最长部分：92cm
胸围：120cm
袖长：70cm

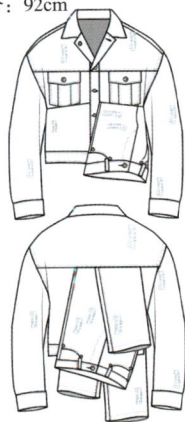

面料：纯棉牛仔布
全身洗水颜色请参考右下图(衫身喷点)
烂洞破损效果请参考左下图

图5-29　秋季系列产品设计三

男装牛仔外套
款号：1313#

尺寸说明：
内肩宽：48cm
外肩宽：76cm
内衣长：78cm
外衣长：92cm
内衣宽：48cm
外胸宽：76cm
袖长：70cm
夹直：28cm

女装牛仔外套
款号：2314#

尺寸说明：
肩宽：54cm
上衣长：48cm
总衣长：86cm
胸围：98cm
袖长：68cm
袖口：12cm

图5-30　秋季系列产品设计四

第四节　户外运动品牌产品设计案例分析

　　设计品牌：第N站服饰，产品定位于发烧级的户外产品，在面料、工艺、板型、细节的设计上讲究精益求精，注重功能性设计，如两面穿、可拆卸、可收缩、耐磨性、透气性等；产品以冲锋衣为主打，涵盖滑雪服、皮肤风衣、速干衣、速干裤、户外运动T恤及配套产品等（图5-31~图5-37）。

图5-31　系列产品设计一

图5-32 系列产品设计二

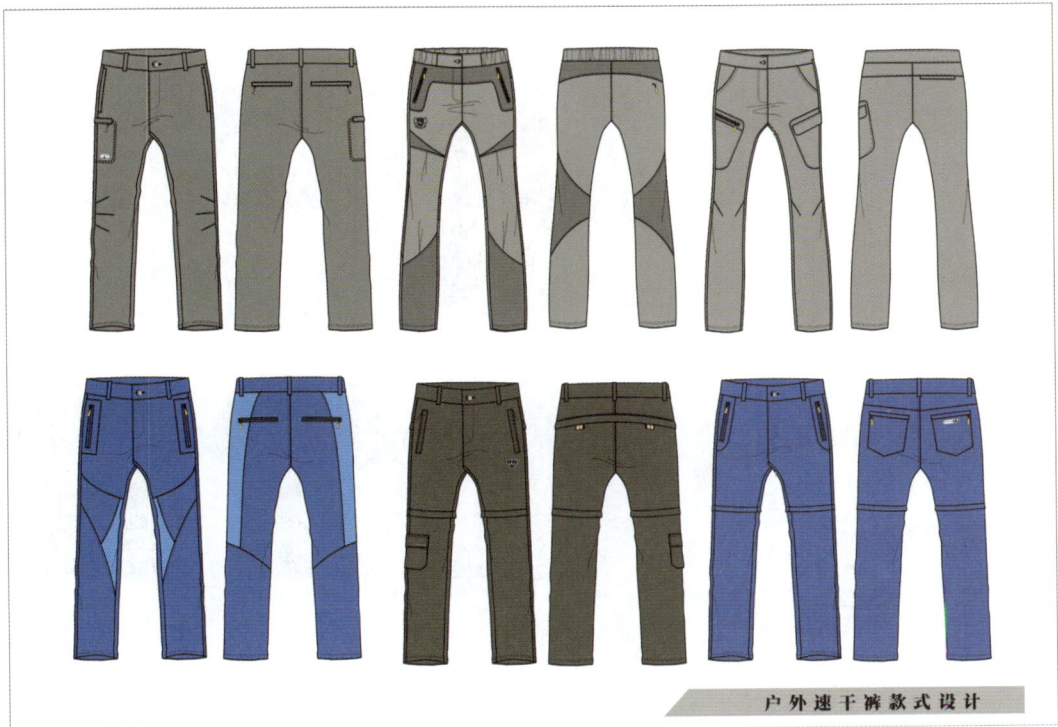

图5-33 系列产品设计三

图5-34 系列产品设计四

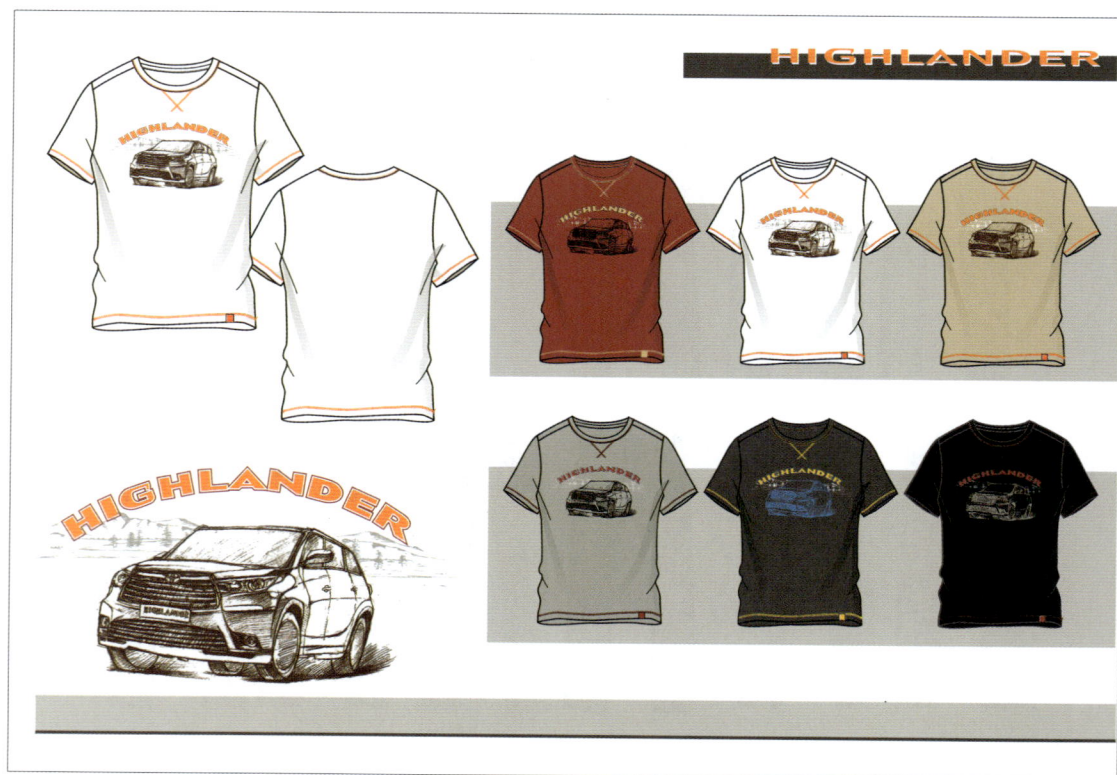

图5-35 系列产品设计五

图5-36　系列产品设计六

图5-37　辅助产品设计

第五节　运动品牌产品设计案例分析

设计品牌：乐轩服饰，产品设计上参考职业球队队服的设计元素和当前的时尚流行趋势，通过色彩强对比、色块、拉捆、徽章、立体印花工艺、透气面料拼接等的运用，凸显产品风格特点（图5-38~图5-41）。

图5-38　产品配色设计一

图5-39　产品配色设计二

图5-40 产品配色设计三

图5-41 产品配色设计四

第六节　职业装设计运用案例分析

一、设计内容：奥昆集团工作服

企业员工工作服包含秋冬季外套、春秋套装及夏季套装和配套关联服饰配件，结合企业标志性色彩及时尚元素开展设计，充分考虑工作岗位和工作性质的特征，设计上注重面料、板型、工艺及细节的设计，更好地彰显公司的企业文化和精神内涵（图5-42~图5-46）。

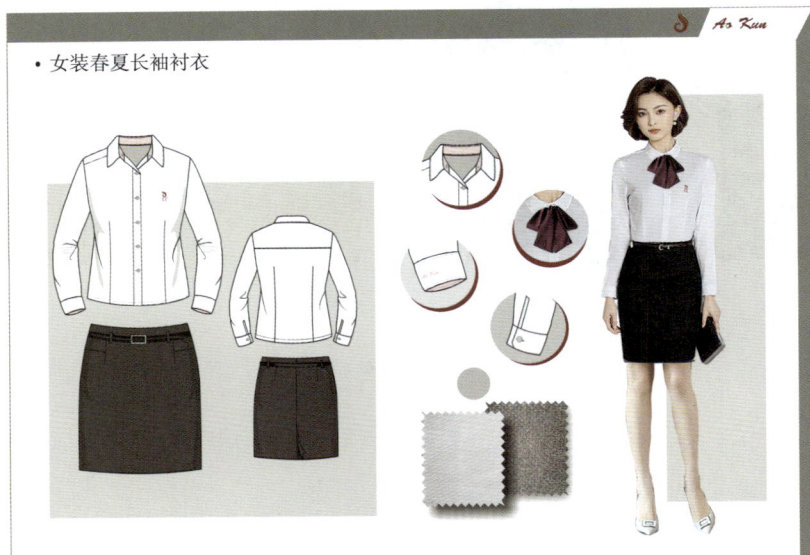

图5-42　企业工作服设计一

图5-43　企业工作服设计二

- 男装春夏长袖衬衣

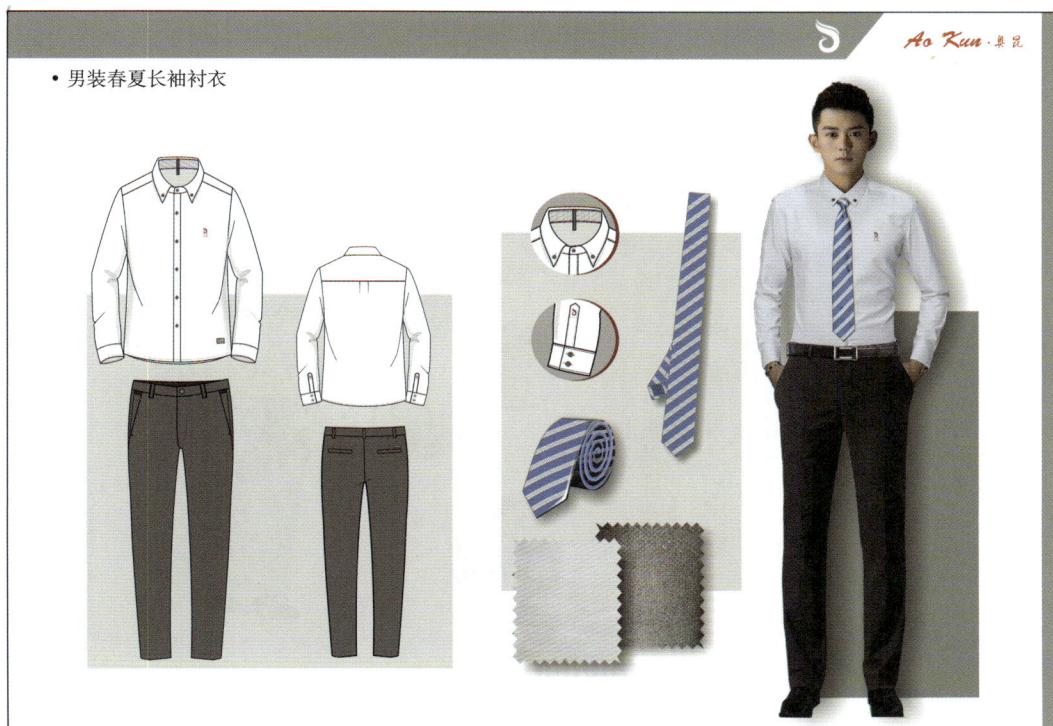

图5-44　企业工作服设计三

- 男装秋冬季风衣外套

图5-45　企业工作服设计四

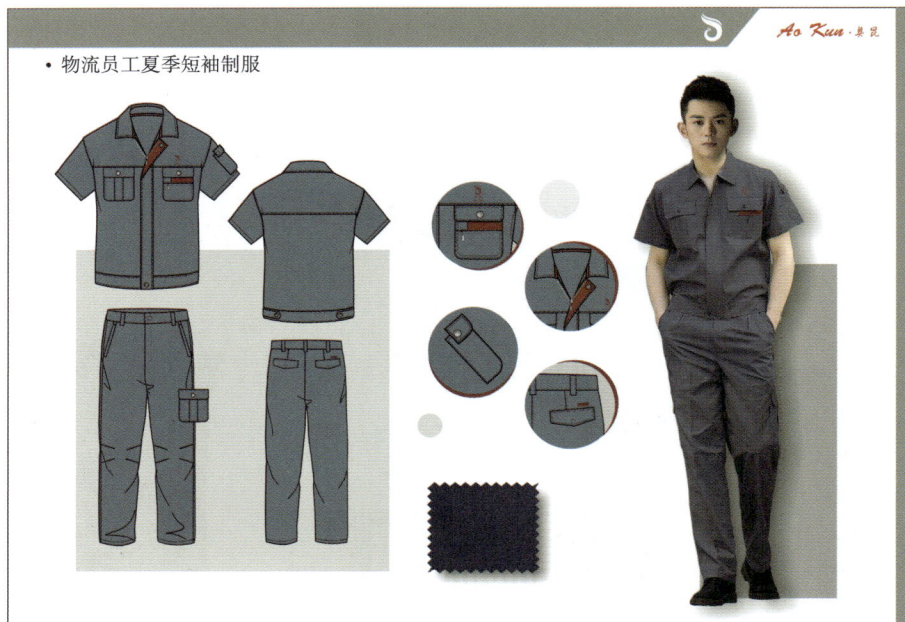

图5-46　企业工作服设计五

二、设计内容：东风标致汽车4S店员工工作服

工作服包含秋冬季外套、春秋套装及夏季套装等，色彩运用结合企业标志性色彩，通过撞色、唧边、领部装饰织带以及定制纽扣、拉链等，使款式设计吻合时尚流行趋势，面料选用耐磨、耐脏的特种材质，注重实用性、功能性、防护性、安全性、科学性的整体设计（图5-47~图5-48）。

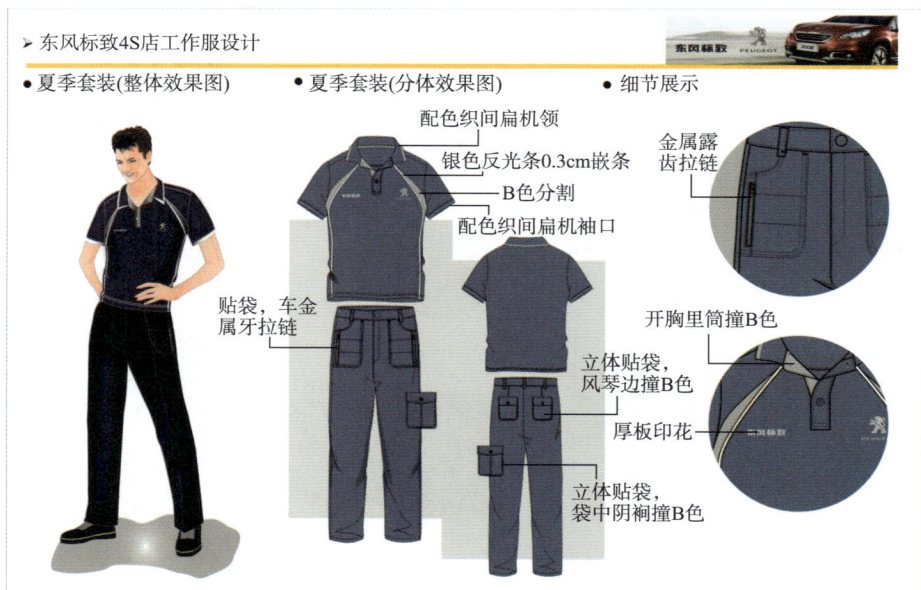

图5-47　汽车4S店工作服设计一

图5-48　汽车4S店工作服设计二

项目练习与实践

1. 对某童装品牌进行市场调研，通过策划产品主题方案，为该品牌设计符合市场流行和产品风格特点的下一年度春季产品。

2. 对某一男装休闲品牌进行市场调研，通过策划产品主题方案，为该品牌设计符合市场流行和产品风格特点的下一年度夏季产品。

3. 对某一女装时装品牌进行市场调研，通过策划产品主题方案，为该品牌设计符合市场流行和产品风格特点的下一年度秋季产品。

4. 通过对李宁时尚运动品牌的市场调研，为该品牌设计一个系列符合市场流行和产品风格特点的下一年度冬季产品。

5. 为某大型银行设计全套工作人员制服。

参考文献

［1］杨威.服装设计教程［M］.北京：中国纺织出版社，2007.

［2］卢新燕.运动服装的时尚化设计［J］.丝绸，2008（08）：18-20.

［3］宗亚琪，初晓玲.童装图案的趣味性设计方法研究［J］.山东纺织科技，2019（01）：43-46.

［4］邢春生.服装设计艺术美的形成及形式［J］.大家，2010（02）：268-269.

［5］钟文燕.儿童生理心理与童装设计［J］.纺织科技进展，2008（04）：72-74.